ゆるゆる生物日誌

人類誕生編

種田ことび 著
土屋健 監修

はじめに

バンッ
はじめまして
DNAです
はじめまして じゃない人も
いてるかな？
また手にとってくれて
ありがとうね

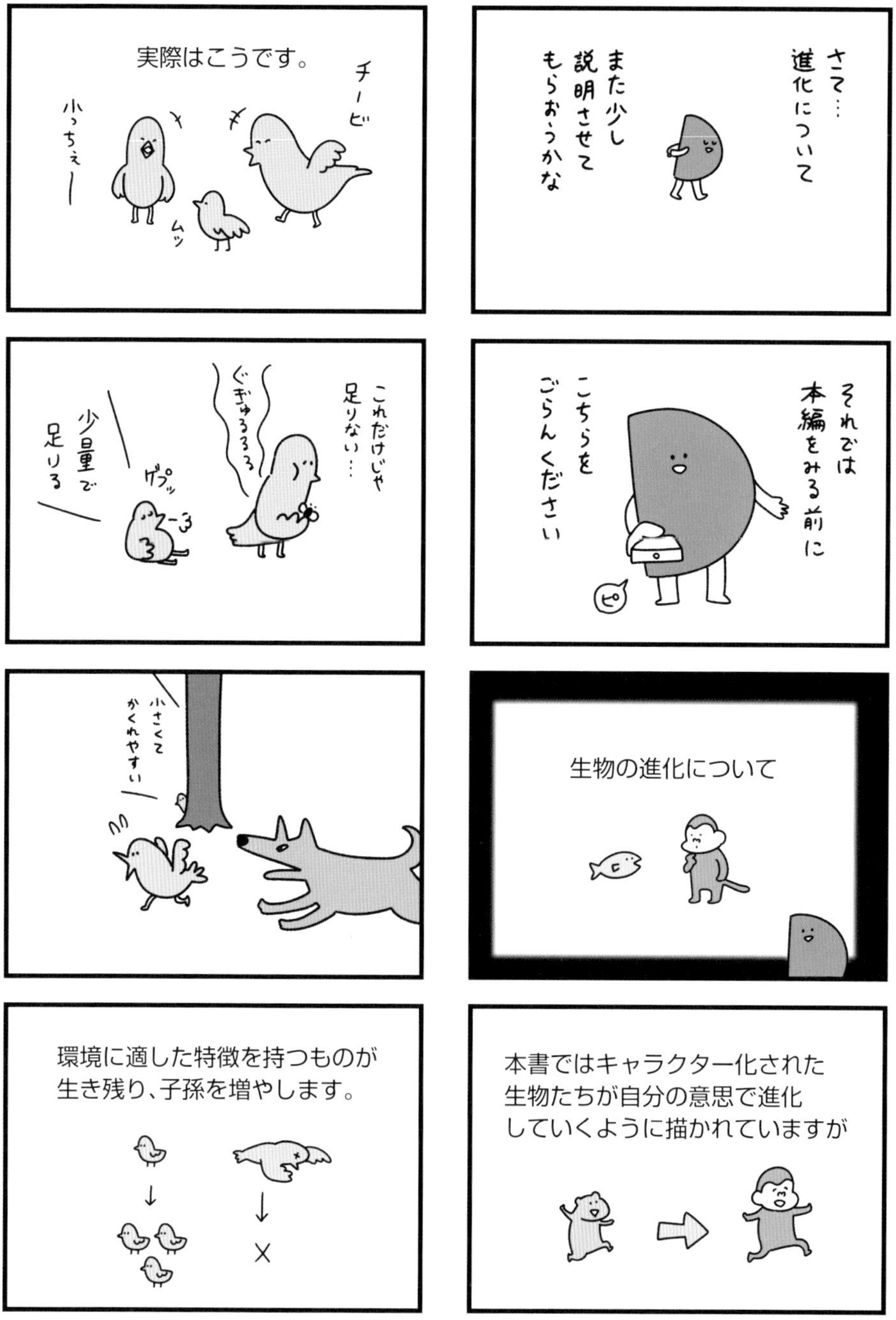

さて…
進化について
また少し
説明させて
もらおうかな
それでは
本編をみる前に
こちらを
ごらんください
ピ
生物の進化について
本書ではキャラクター化された
生物たちが自分の意思で進化
していくように描かれていますが
実際はこうです。
チービ
小っちぇー
ムッ
これだけじゃ
足りない…
ぐぎゅるるるる
ゲプッ
少量で
足りる
小さくて
かくれやすい
環境に適した特徴を持つものが
生き残り、子孫を増やします。

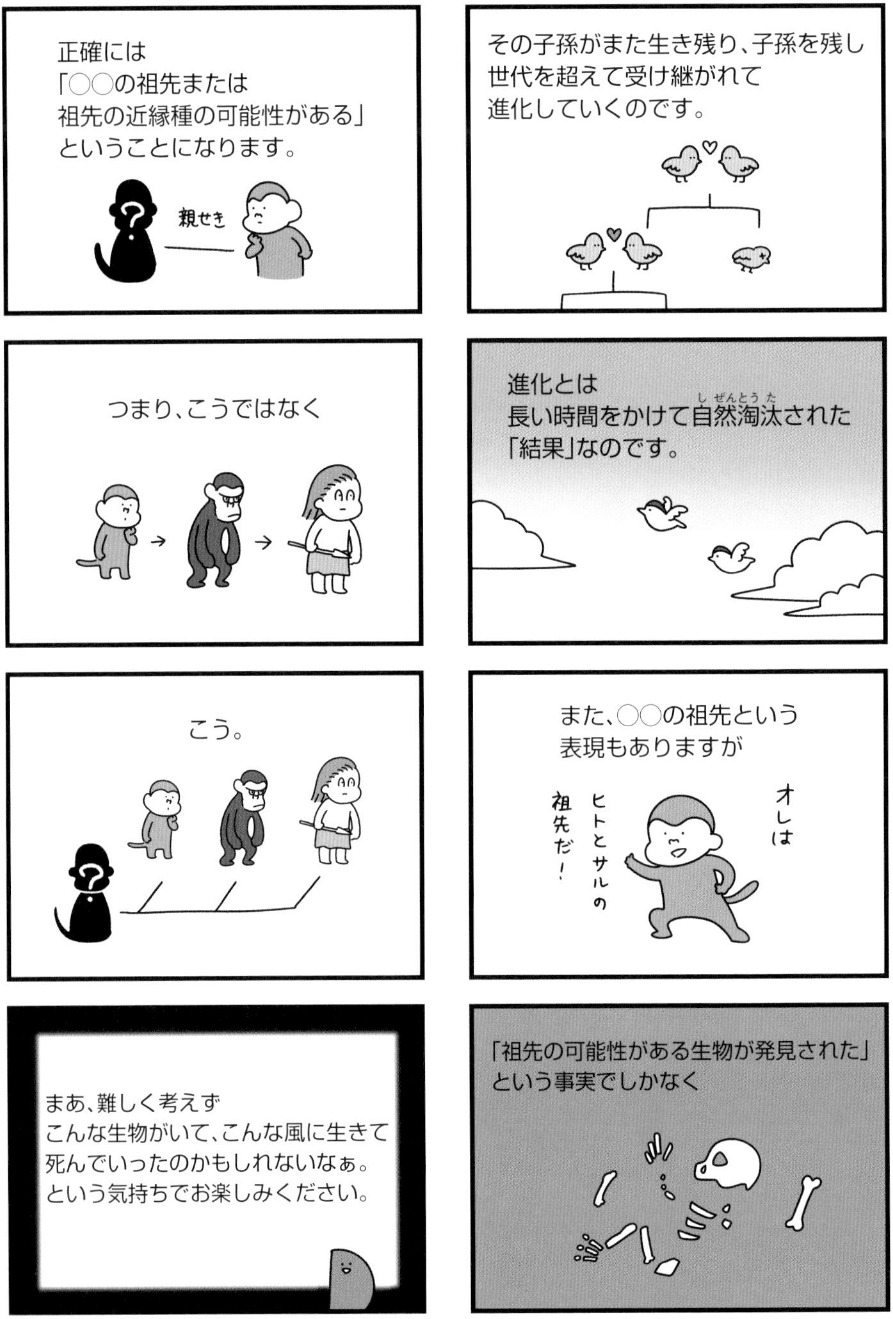

その子孫がまた生き残り、子孫を残し
世代を超えて受け継がれて
進化していくのです。
進化とは
長い時間をかけて自然淘汰《しぜんとうた》された
「結果」なのです。
また、○○の祖先という
表現もありますが
オレは
ヒトとサルの
祖先だ！
「祖先の可能性がある生物が発見された」
という事実でしかなく
正確には
「○○の祖先または
祖先の近縁種の可能性がある」
ということになります。
親せき
つまり、こうではなく
こう。
まあ、難しく考えず
こんな生物がいて、こんな風に生きて
死んでいったのかもしれないなぁ。
という気持ちでお楽しみください。

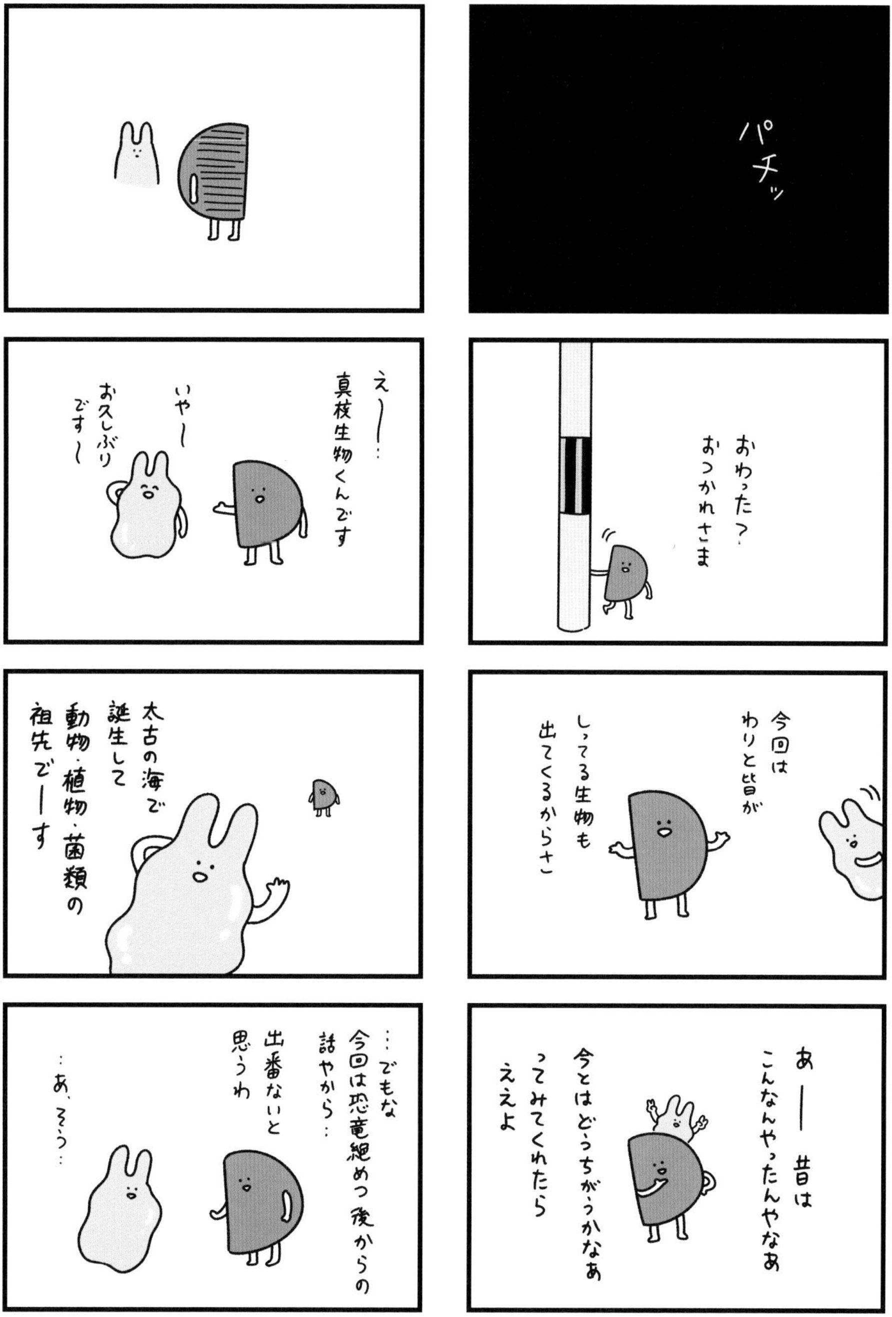
パチッ
おわった？
おつかれさま
今回は
わりと皆が
しってる生物も
出てくるからさ
あー 昔は
こんなんやったんやなあ
今とはどうちがうかなあ
ってみてくれたら
ええよ
え～…
真核生物くんです
いや～
お久しぶり
です～
太古の海で
誕生して
動物・植物・菌類の
祖先で～す
…でもな
今回は恐竜絶めつ後からの
話やから…
出番ないと
思うわ
…あ、そう…

時代ってうつり変わっていくもんやからさ
…うん そうやね
それではっ 6600万年前に
レッツトリップ
キマった

Contents

Paleogene period
6,600万年前から
2,303万年前

古《こ》第《だい》三《さん》紀《き》

6600万年前、恐竜が絶滅したことにより
生態系が大きく変わろうとしていた。
空席となった生物界の
「支配者」の椅子を目指し、
生き残った者たち同士の競争が始まる。

生き残り

あの大量絶滅から
6600万年
時はたち
人類は支配者となり
今や
地球上の至るところで
繁栄している

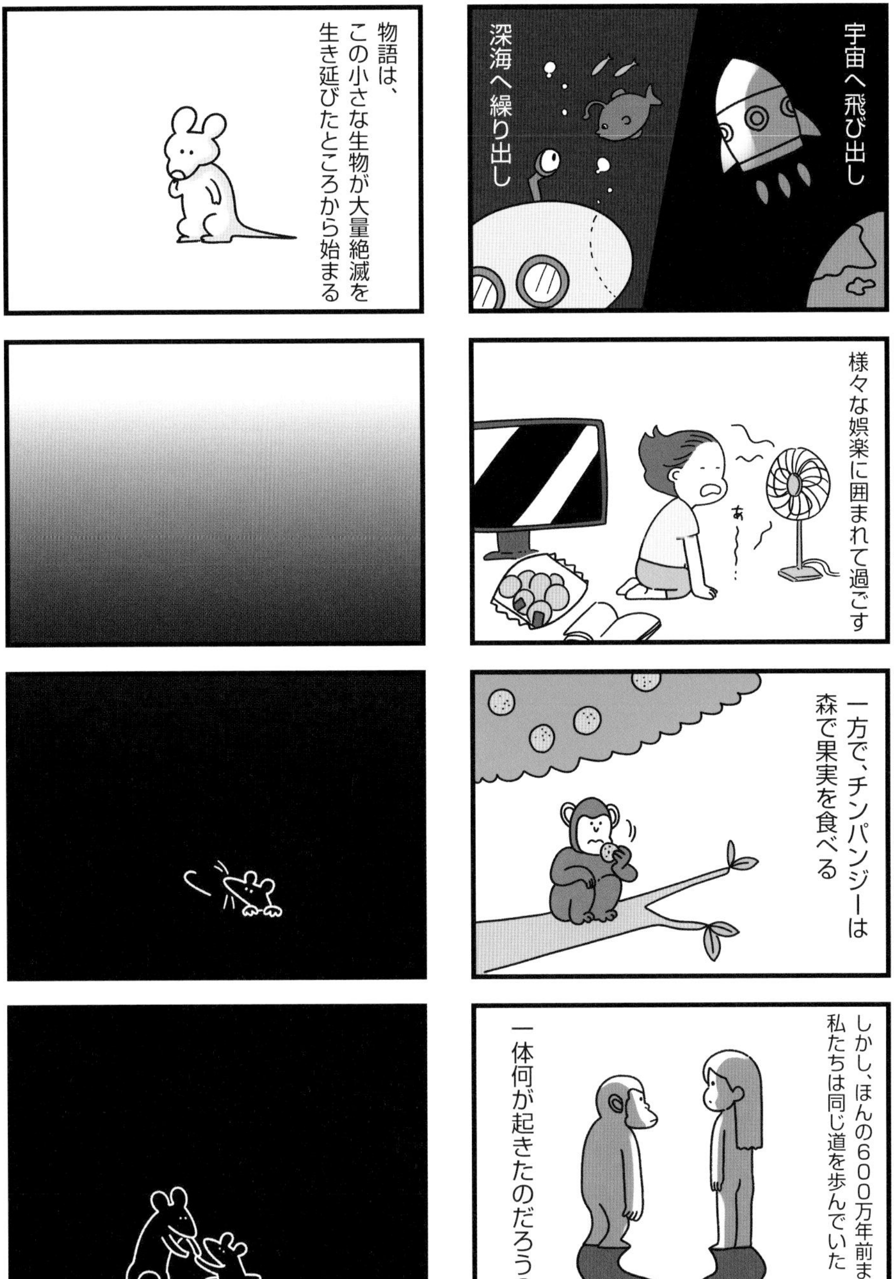
宇宙へ飛び出し
深海へ繰り出し
様々な娯楽に囲まれて過ごす
あ〜…
一方で、チンパンジーは森で果実を食べる
しかし、ほんの600万年前まで私たちは同じ道を歩んでいた
一体何が起きたのだろう？
物語は、この小さな生物が大量絶滅を生き延びたところから始まる

ふー っ
ドテッ
しっかし
まー
派手にやられたもんやなぁ…
天敵がいない今がチャンスよっ
たしかに
散々虐《しいた》げられて
ドシン
ドシン
怖い思いしてきたんや
もう逃げ隠れする生活は終わり
zzz
zzz
今やっ
これからは堂々と生きるぞ
うんっ

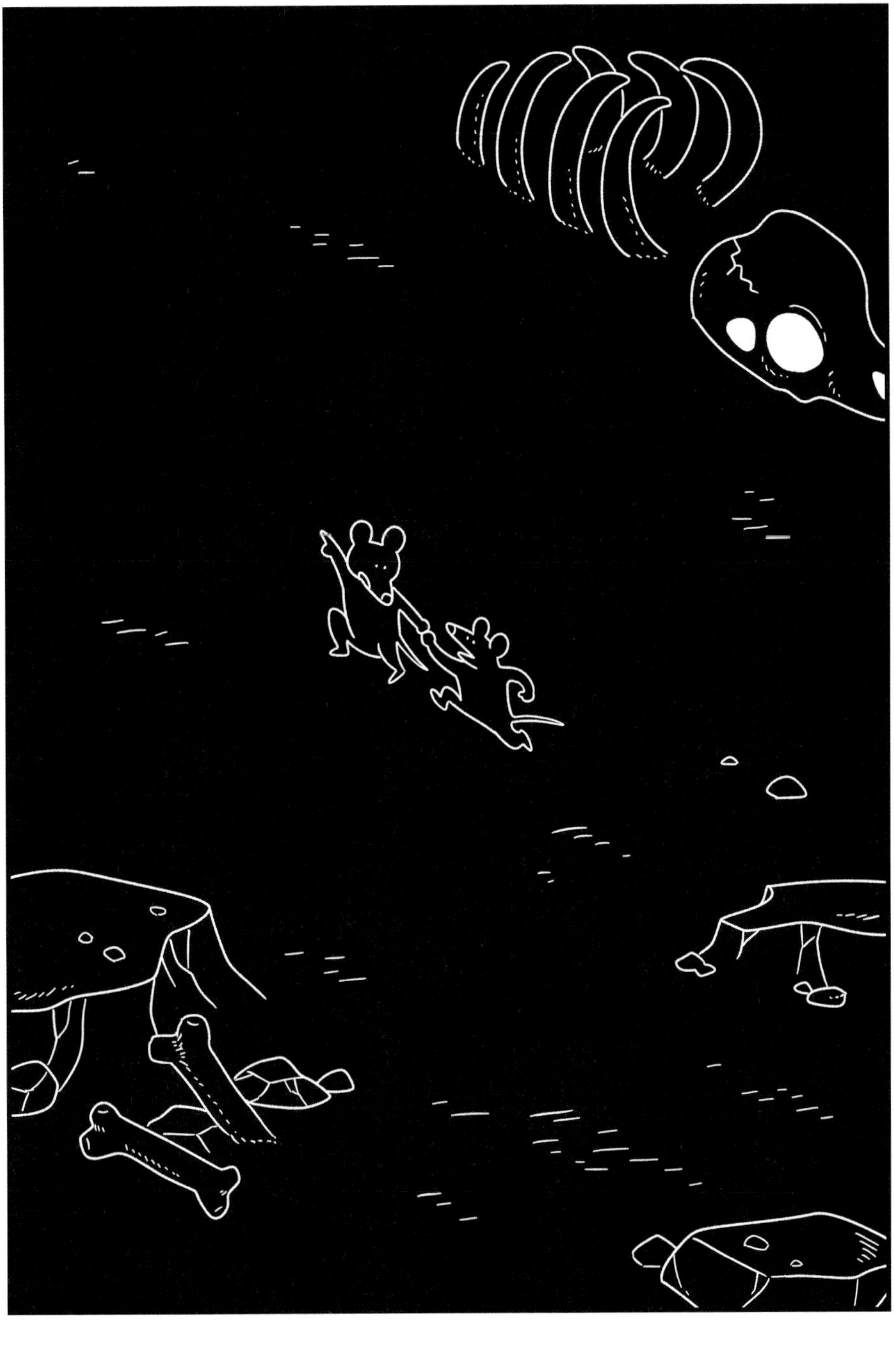

イス取りゲーム

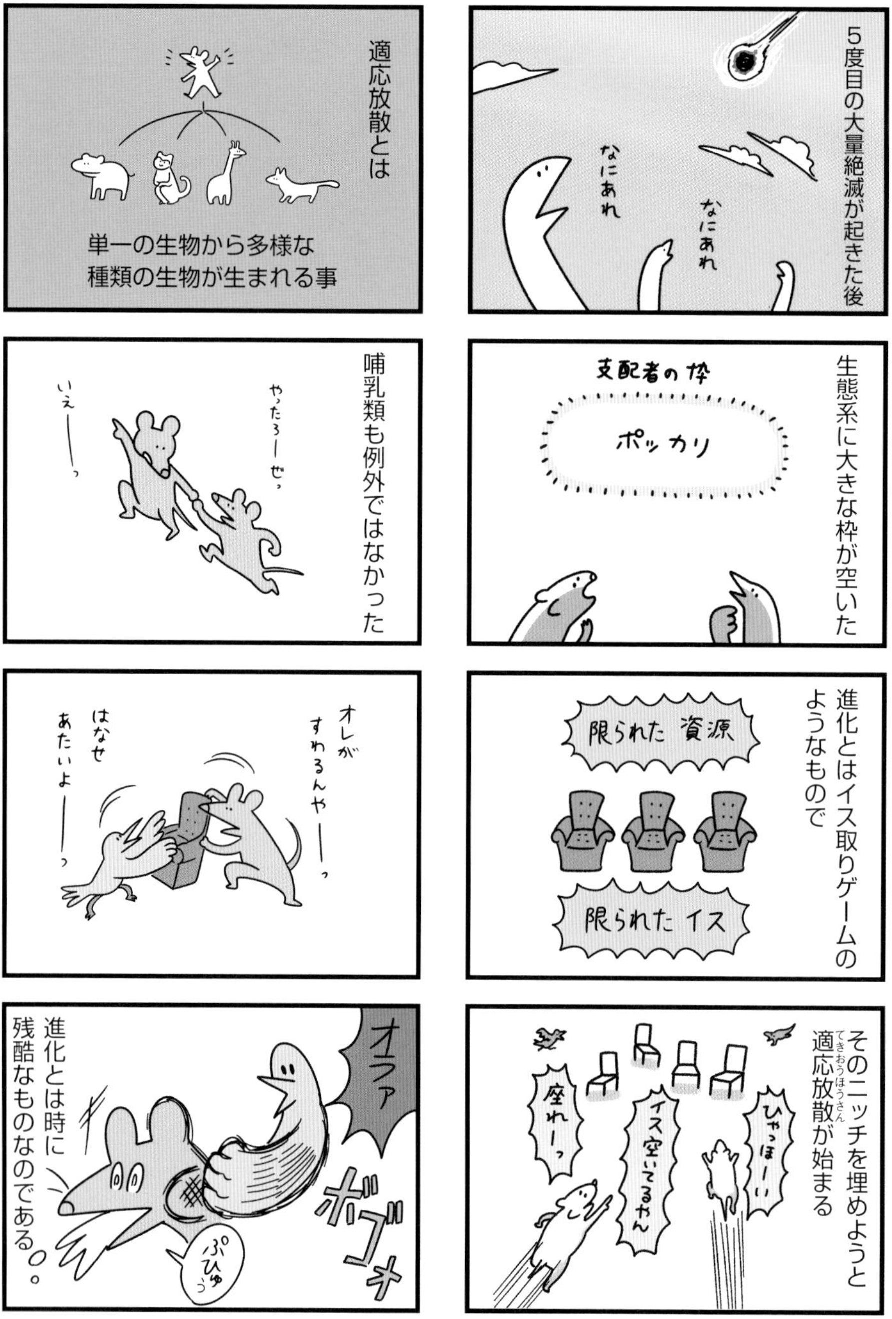

5度目の大量絶滅が起きた後
なにあれ
なにあれ
生態系に大きな枠が空いた
支配者の枠
ポッカリ
進化とはイス取りゲームのようなもので
限られた 資源
限られた イス
そのニッチを埋めようと適応放散《てきおうほうさん》が始まる
ひゃっほーい
イス空いてるやん
座れーっ
適応放散とは
単一の生物から多様な種類の生物が生まれる事
哺乳類も例外ではなかった
やったろーぜっ
いえーーっ
オレがすわるんやーーっ
はなせ あたいよーーっ
オラァ
ボゴォ
ぷひゅっ
進化とは時に残酷なものなのである。

鳥類

イス取りゲームの先手を切ったのは
とったーっ
ズザーーッ
恐竜の生き残り鳥類である
ちくしょうっ
みてろよーっ
鳥類3姉妹
まさか大型恐竜がいなくなるとは…
我ら生き残りがなんとか繁栄していくしかない
見た感じ…
ザコしかのこっていないな
いつか見返してやっからな
かっくぃーっ
あっでも…
水辺はワニがのこってるから気をつけるとして
恐竜の生き残りとしての意地!
見せるぞっ
オーーッ
さらばシスターズ
さらばじゃ

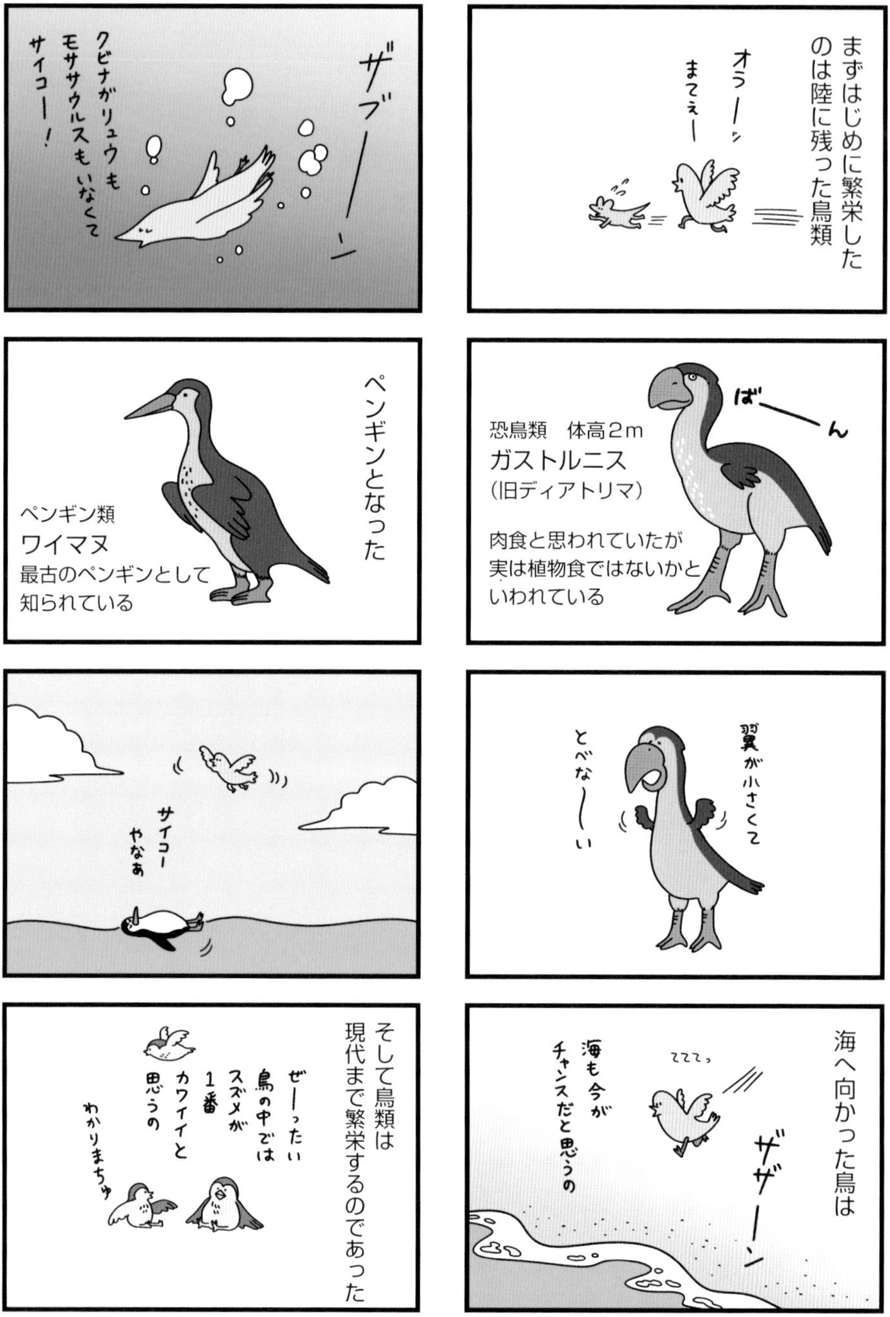
まずはじめに繁栄したのは陸に残った鳥類
オラーーッ
まてぇー
ばーーん
恐鳥類　体高2ｍ
ガストルニス
（旧ディアトリマ）
肉食と思われていたが実は植物食ではないかといわれている
翼が小さくて
とべなーーい
海へ向かった鳥は
ザザーーン
てててっ
海も今がチャンスだと思うの
ザブーーン
クビナガリュウもモササウルスもいなくてサイコー！
ペンギンとなった
ペンギン類
ワイマヌ
最古のペンギンとして知られている
サイコーやなあ
そして鳥類は現代まで繁栄するのであった
ぜーったい鳥の中ではスズメが1番カワイイと思うの
わかりまちゅ

森林へ

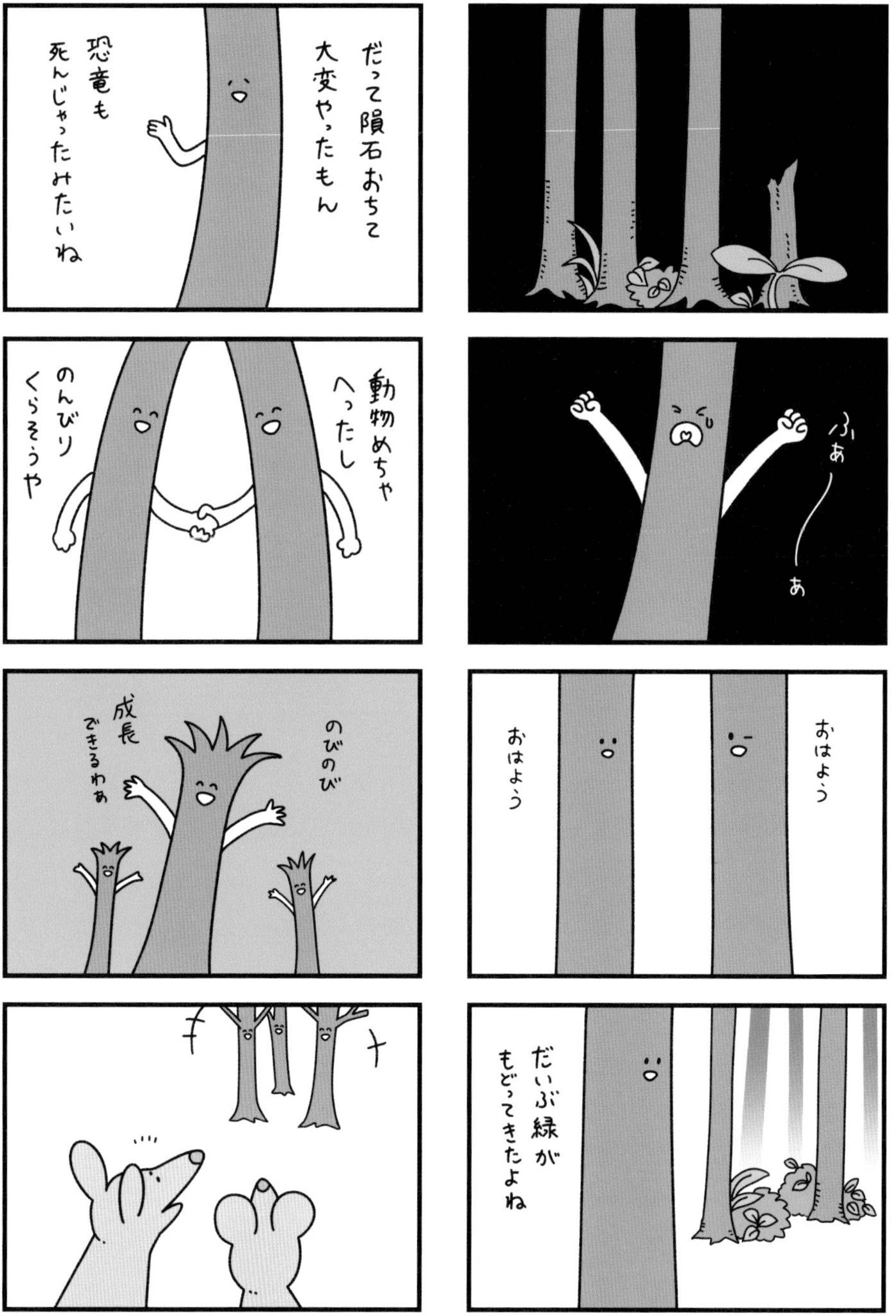

ふあ――
あ
おはよう
おはよう
だいぶ緑が
もどってきたよね
だって隕石おちて
大変やったもん
恐竜も
死んじゃったみたいね
動物めちゃ
へったし
のんびり
くらそうや
のびのび
成長
できるわぁ

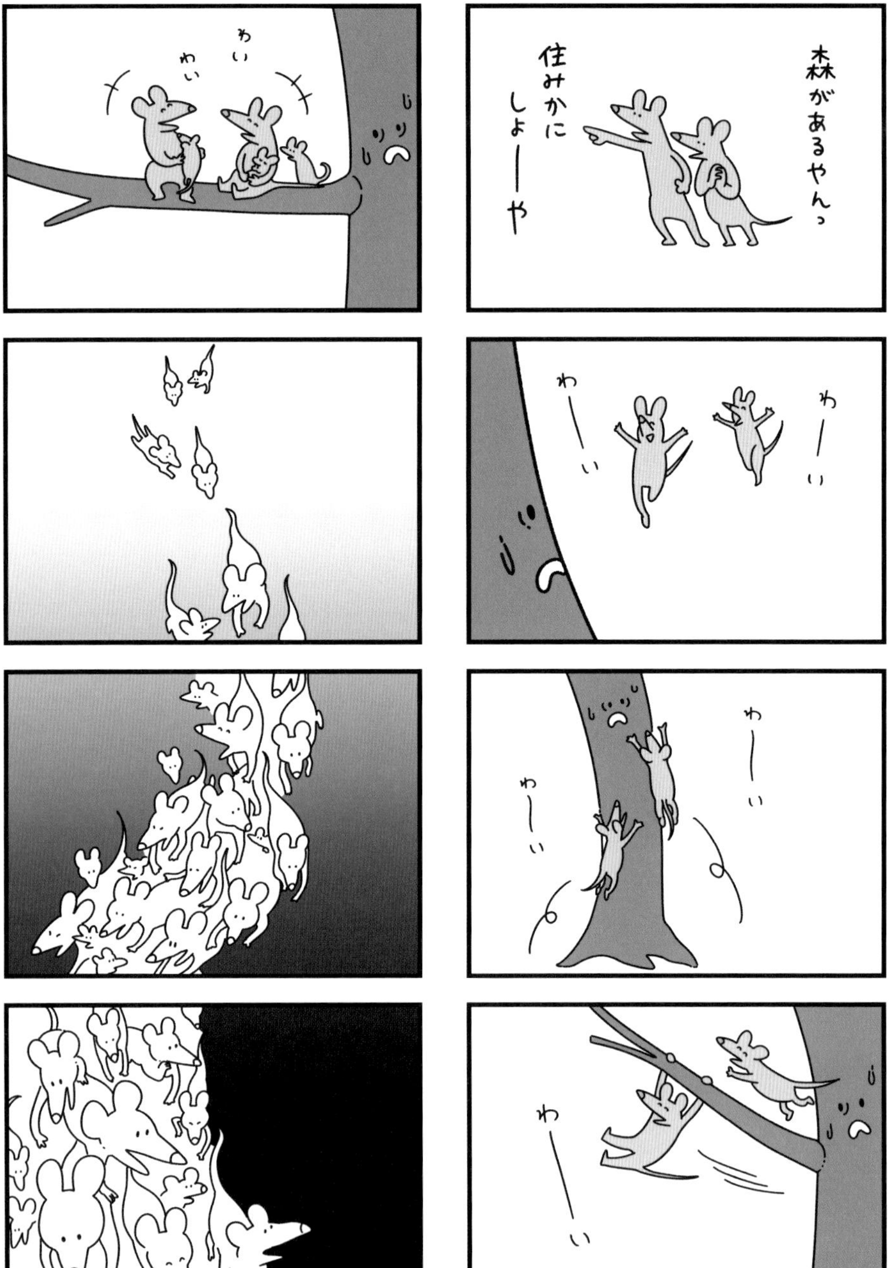

森があるやんっ
住みかにしよーーや
わーい
わーい
わーい
わーい
わーーい
わい
わい

第一次適応放散

キャッ
ズシンッ
やべー
食われっぞっ
にげろ――っ
恐角類
ウィンタテリウム
やだなぁ
動物なんて
たべないよぅ
…!?
ビ…ビックリしたっ

急に出てこないでよォ
なんでだよ
鯨偶蹄類
アンドリュウサルクス
顔が大きくて怖いんだってえ
あぁ？
顔 80 cm
お前もデカイだろうよ
そうだけどオ～…
ボクのこと食べないでよねえ
はぁ～
そんなこと気にしてたんか
オレはくさった死体しか食わねえ
怖いよォ
お前が死んだら食ってやるよ
めっちゃ怖いよォアンドリュウくん
死んで3日目がうまいんだよなぁ
やめてよォおそろしいよォ

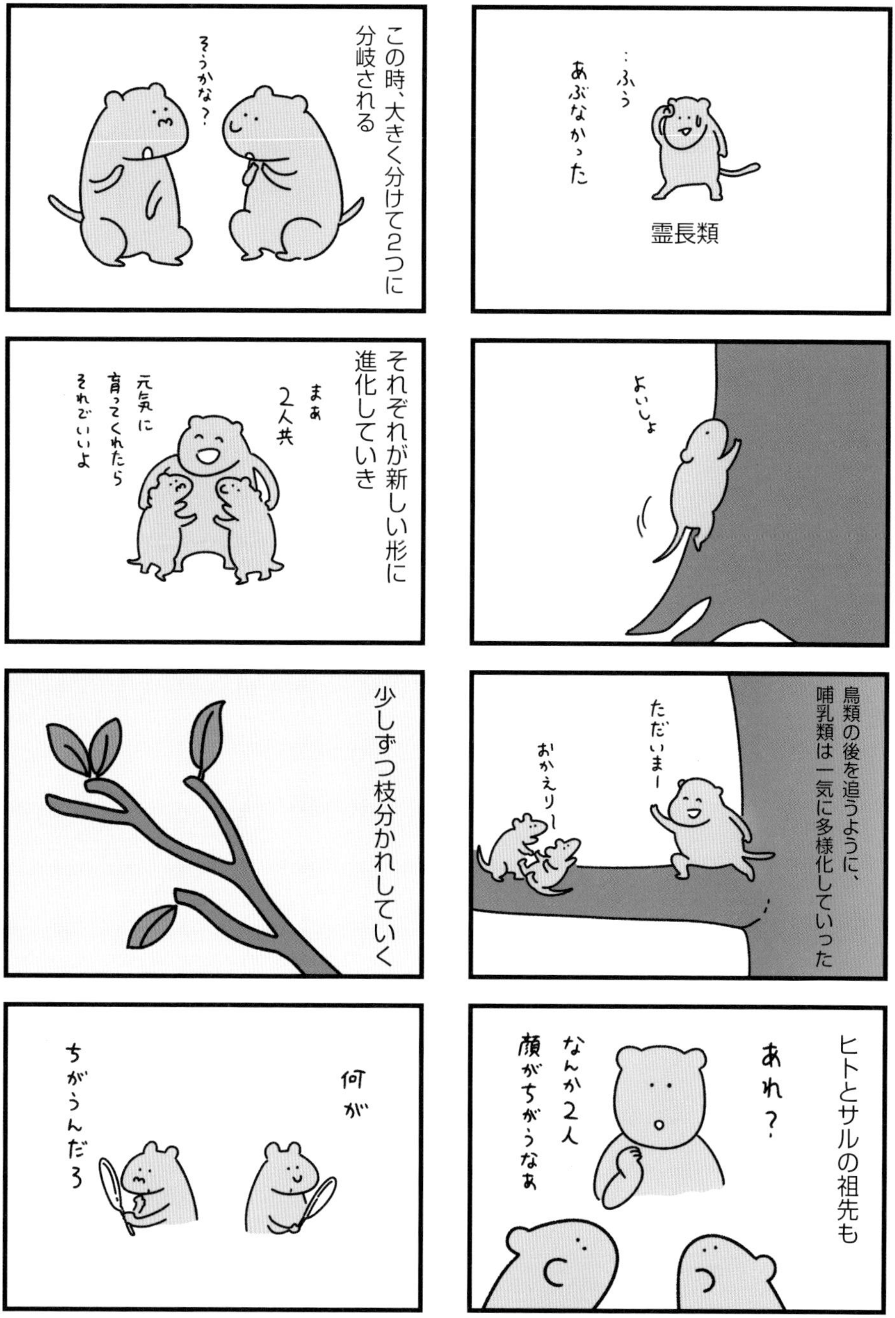
…ふう
あぶなかった
霊長類
よいしょ
鳥類の後を追うように、
哺乳類は一気に多様化していった
ただいまー
おかえりー
ヒトとサルの祖先も
あれ？
なんか２人
顔がちがうなあ
この時、大きく分けて2つに
分岐される
そうかな？
それぞれが新しい形に
進化していき
まあ
2人共
元気に
育ってくれたら
それでいいよ
少しずつ枝分かれしていく
何が
ちがうんだろ

突発的温暖化事件

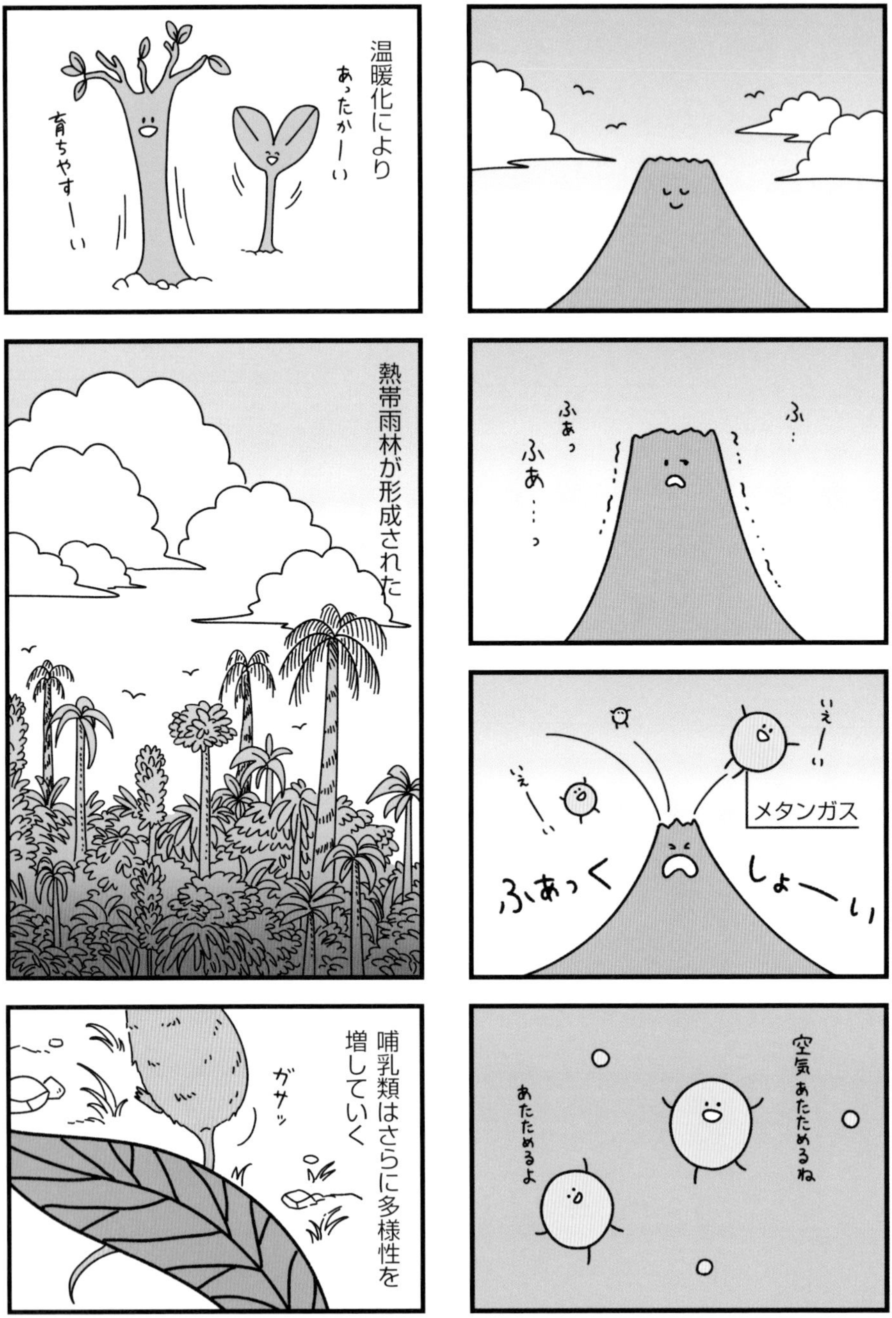
ふ…
ふあっ
ふあ…っ
いえーい
メタンガス
いえーい
ふあっく
しょーい
空気あたためるね
あたためるよ
温暖化により
あったかーい
育ちやすーい
熱帯雨林が形成された
哺乳類はさらに多様性を増していく
ガサッ

第二次適応放散

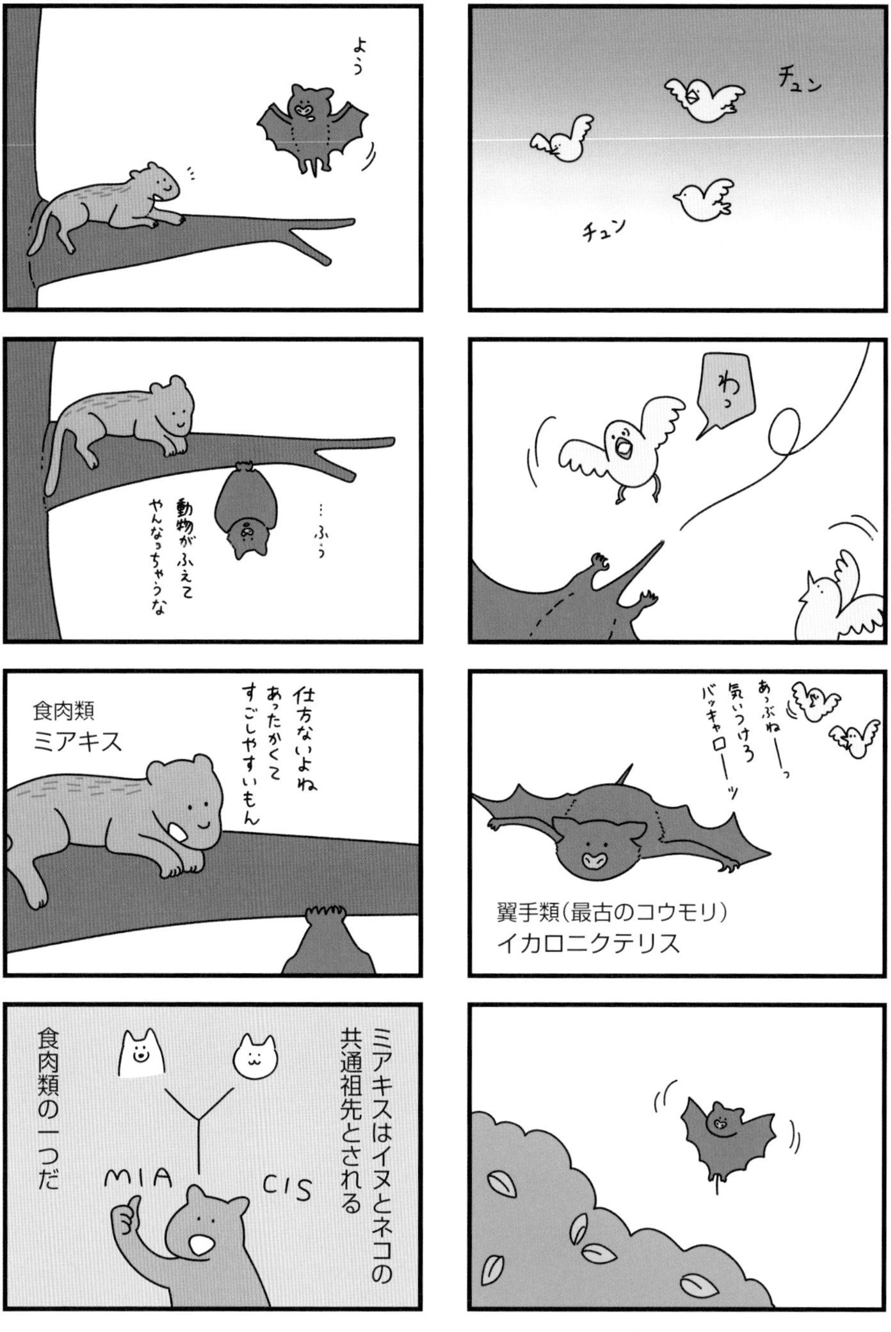

チュン
チュン
わっ
あっぶねーーっ
気いつけろ
バッキャローーッ
翼手類（最古のコウモリ）
イカロニクテリス
よう
…ふう
動物がふえて
やんなっちゃうな
食肉類
ミアキス
仕方ないよね
あったかくて
すごしやすいもん
ミアキスはイヌとネコの
共通祖先とされる
食肉類の一つだ
MIA CIS

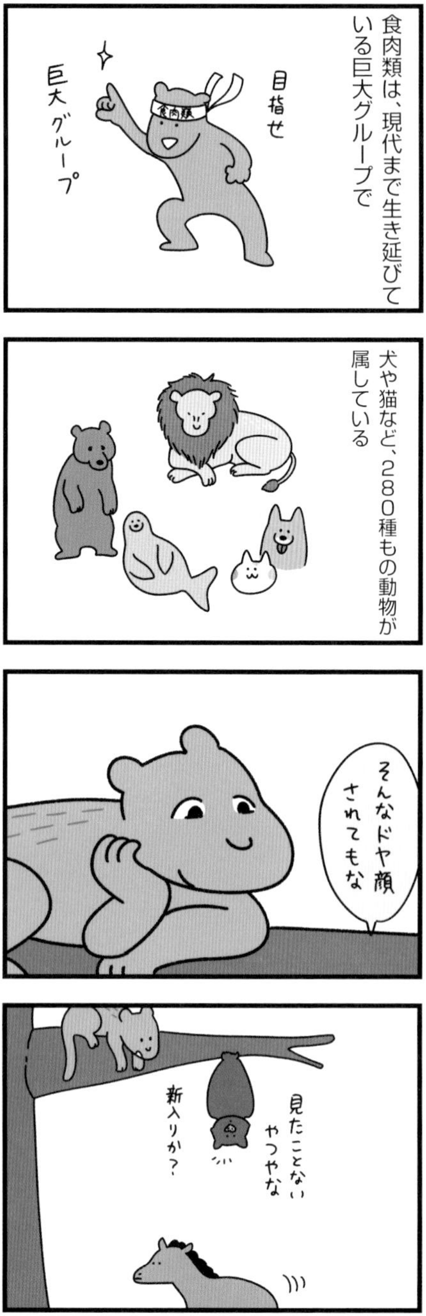
食肉類は、現代まで生き延びている巨大グループで
目指せ
巨大グループ
食肉類
犬や猫など、280種もの動物が属している
そんなドヤ顔されてもな
見たことないやつやな
新入りか？

奇蹄類

奇蹄類（最古のウマ類）
エオヒップス
奇蹄類
パラケラテリウム
7.4m
ひゃ〜
でっかい
50cm

鯨偶蹄類

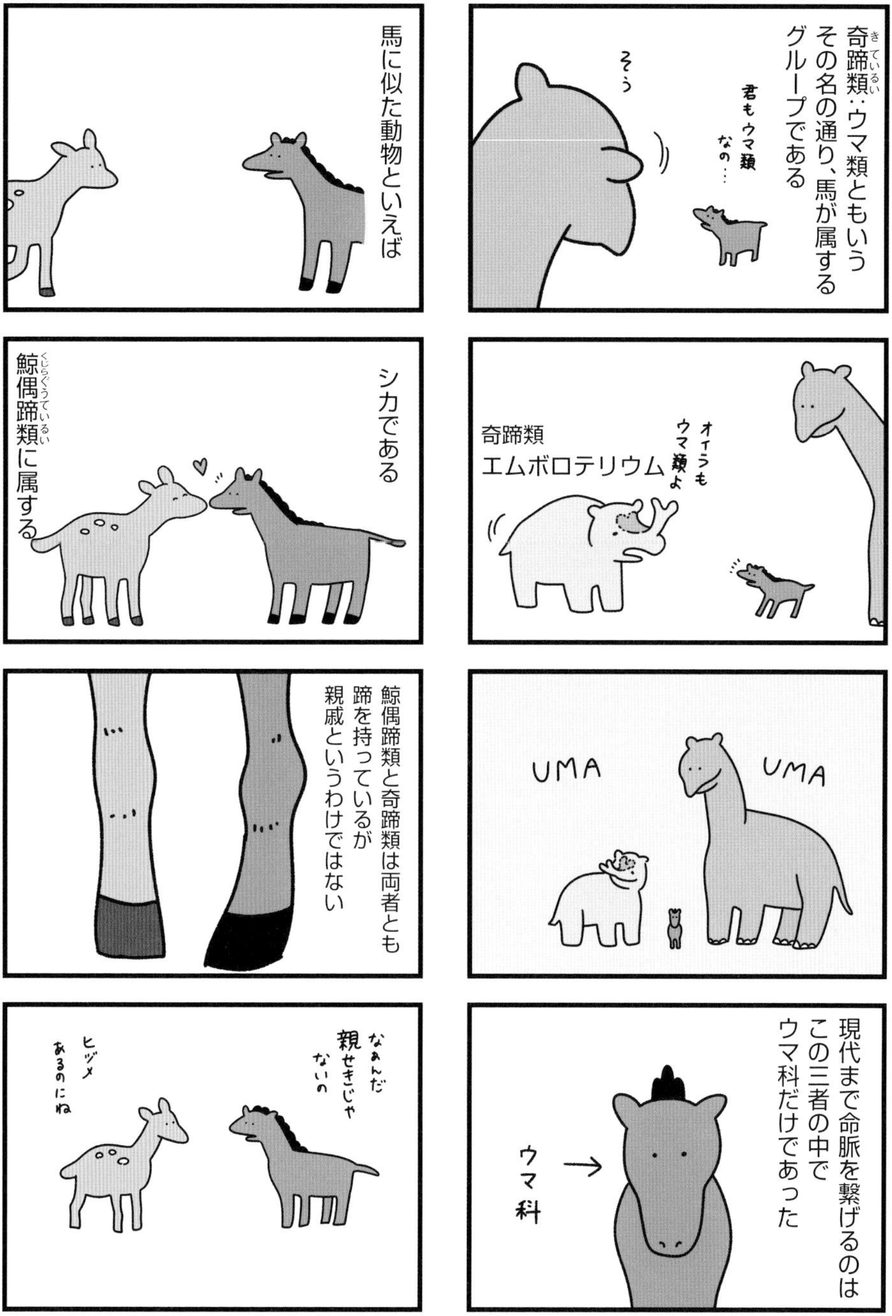
馬に似た動物といえば
シカである
鯨偶蹄類《くじらぐうているい》に属する
鯨偶蹄類と奇蹄類は両者とも蹄を持っているが親戚というわけではない
なぁんだ 親せきじゃないの
ヒヅメ あるのにね
奇蹄類《きているい》：ウマ類ともいう その名の通り、馬が属するグループである
そう
君もウマ類なの…
奇蹄類
エムボロテリウム
オイラもウマ類よ
UMA
UMA
現代まで命脈を繋げるのはこの三者の中でウマ科だけであった
ウマ科

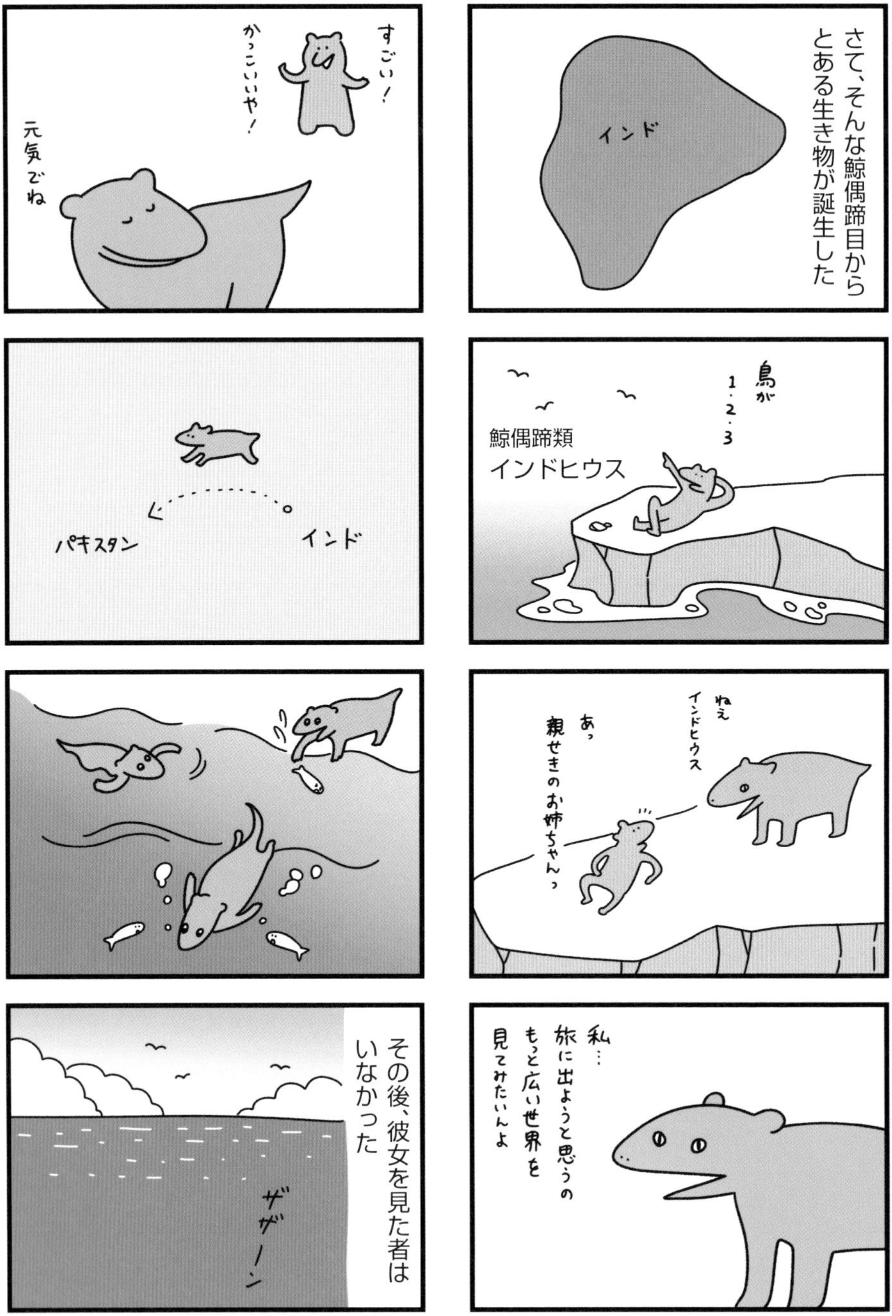
さて、そんな鯨偶蹄目からとある生き物が誕生した
インド
すごい!
かっこいいや!
元気でね
鳥が
1・2・3
鯨偶蹄類
インドヒウス
インド
パキスタン
ねぇ
インドヒウス
あっ
親せきのお姉ちゃんっ
私…
旅に出ようと思うの
もっと広い世界を
見てみたいんよ
その後、彼女を見た者はいなかった
ザザーン

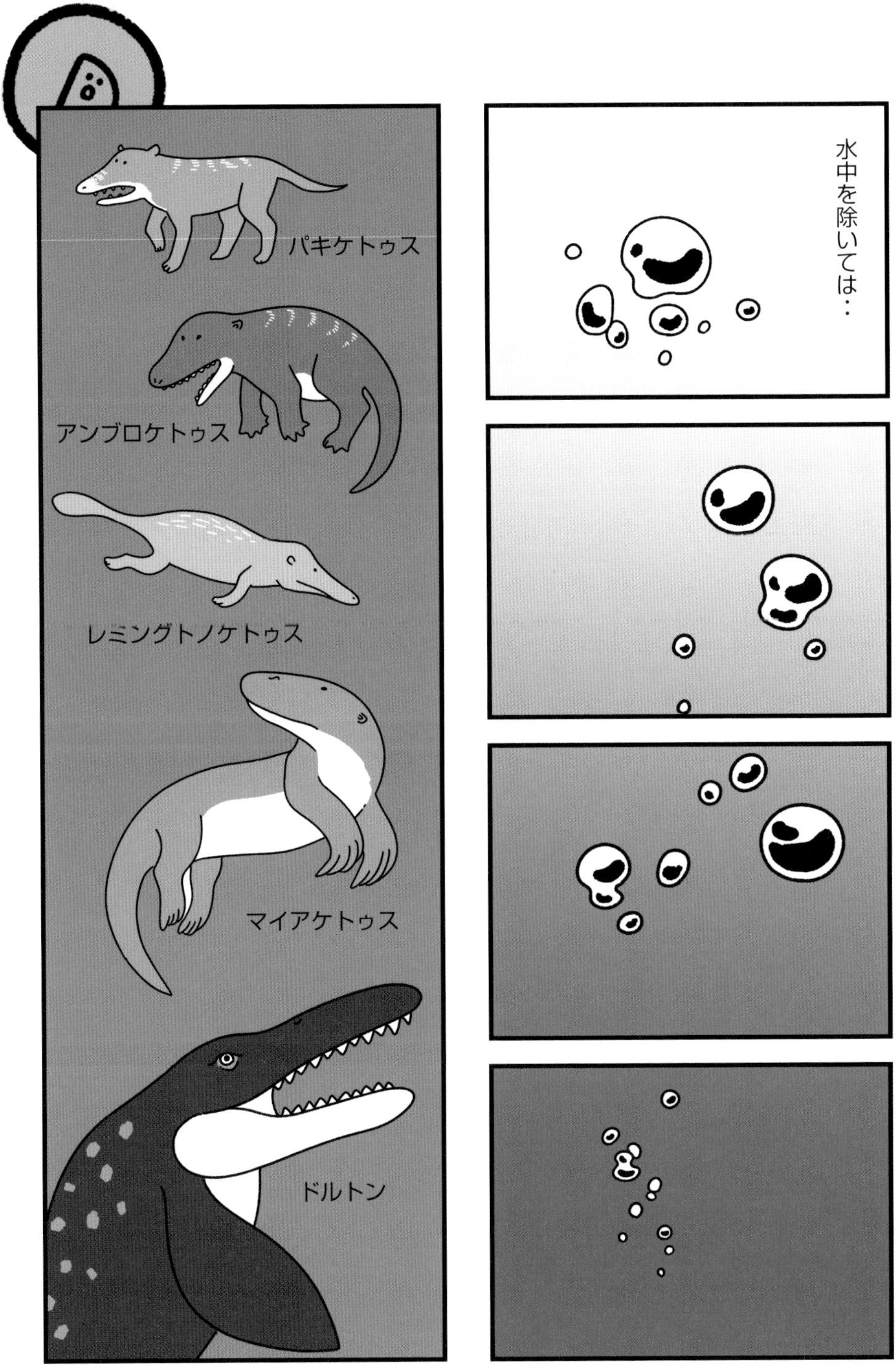
水中を除いては・・
パキケトゥス
アンブロケトゥス
レミングトノケトゥス
マイアケトゥス
ドルトン

海の様子

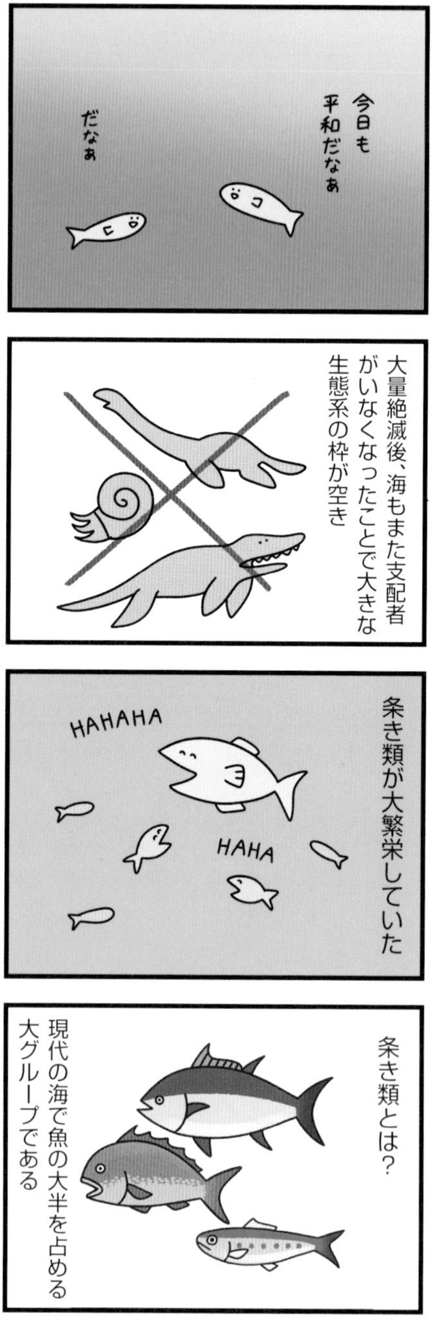
今日も平和だなぁ
だなぁ
大量絶滅後、海もまた支配者がいなくなったことで大きな生態系の枠が空き
条き類が大繁栄していた
HAHAHA
HAHA
条き類とは？
現代の海で魚の大半を占める大グループである

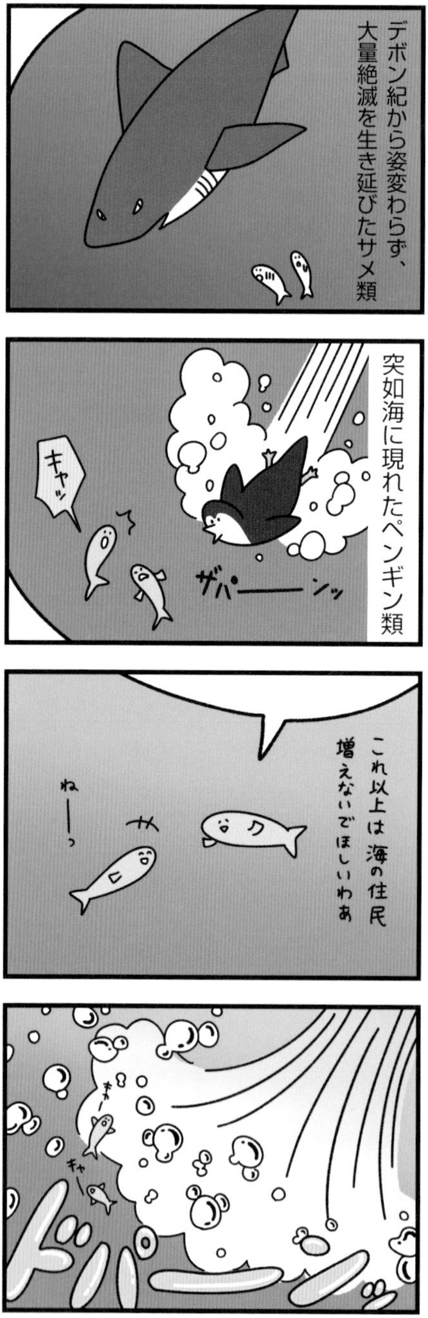
デボン紀から姿変わらず、大量絶滅を生き延びたサメ類
突如海に現れたペンギン類
キャッ
ザパーンッ
これ以上は海の住民増えないでほしいわぁ
ねー！っ

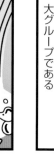

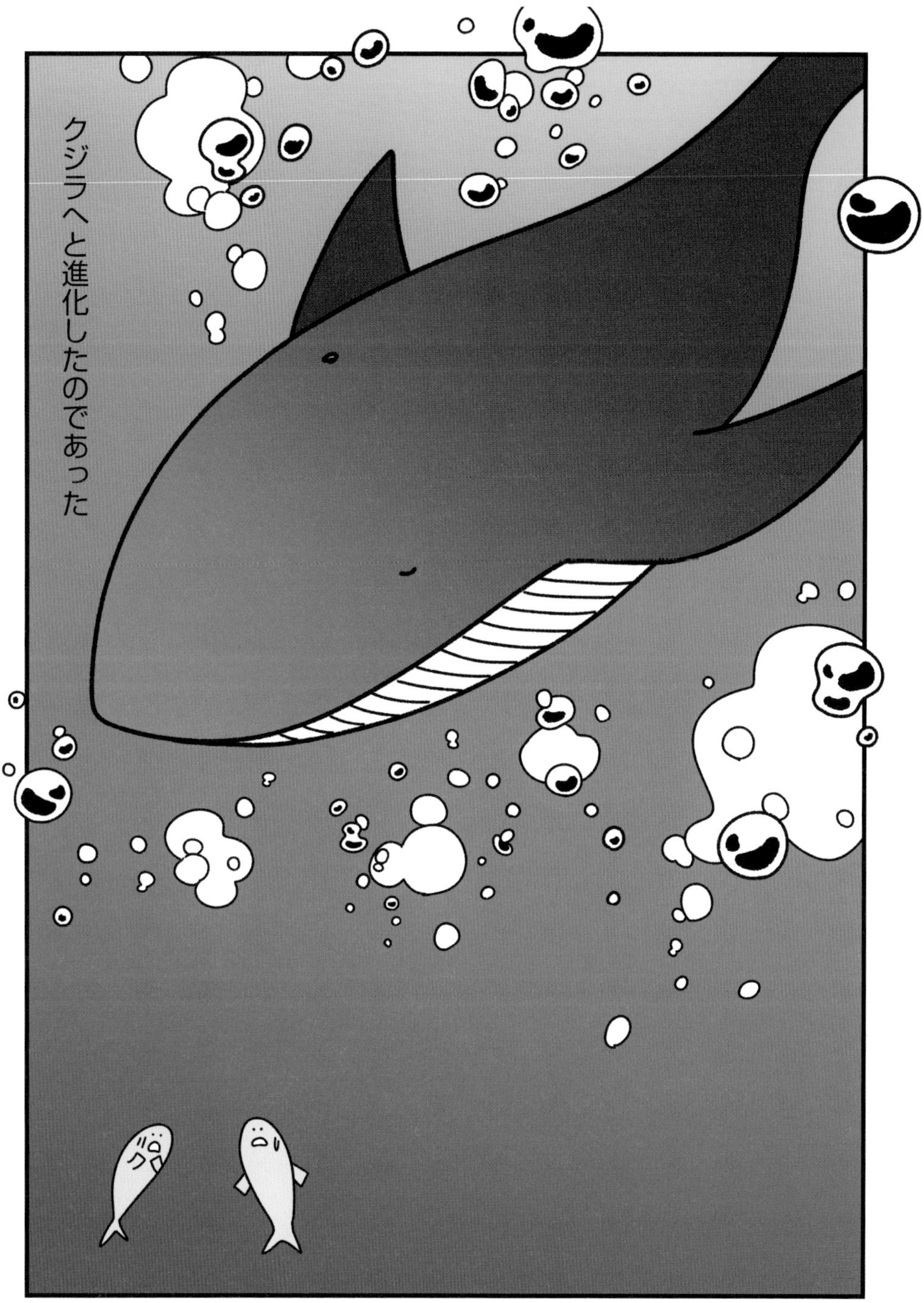
クジラへと進化したのであった

猿

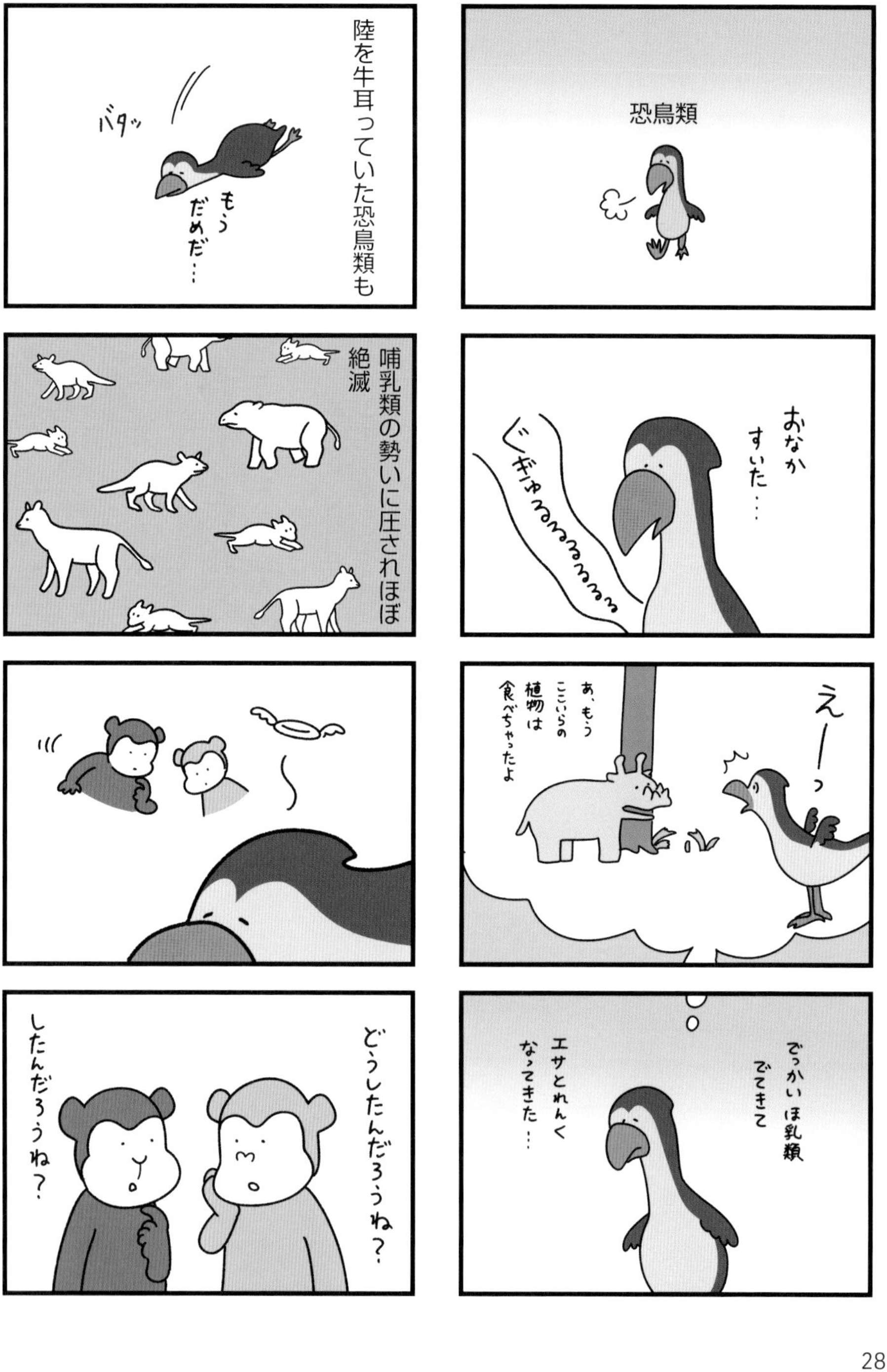

恐鳥類
おなか すいた…
ぐぎゅるるるるるるるる
え――っ
あ、もう ここいらの 植物は 食べちゃったよ
でっかいほ乳類 でてきて
エサとれんく なってきた…
陸を牛耳っていた恐鳥類も
バタッ
もう だめだ…
哺乳類の勢いに圧されほぼ 絶滅
どうしたんだろうね？
したんだろうね？

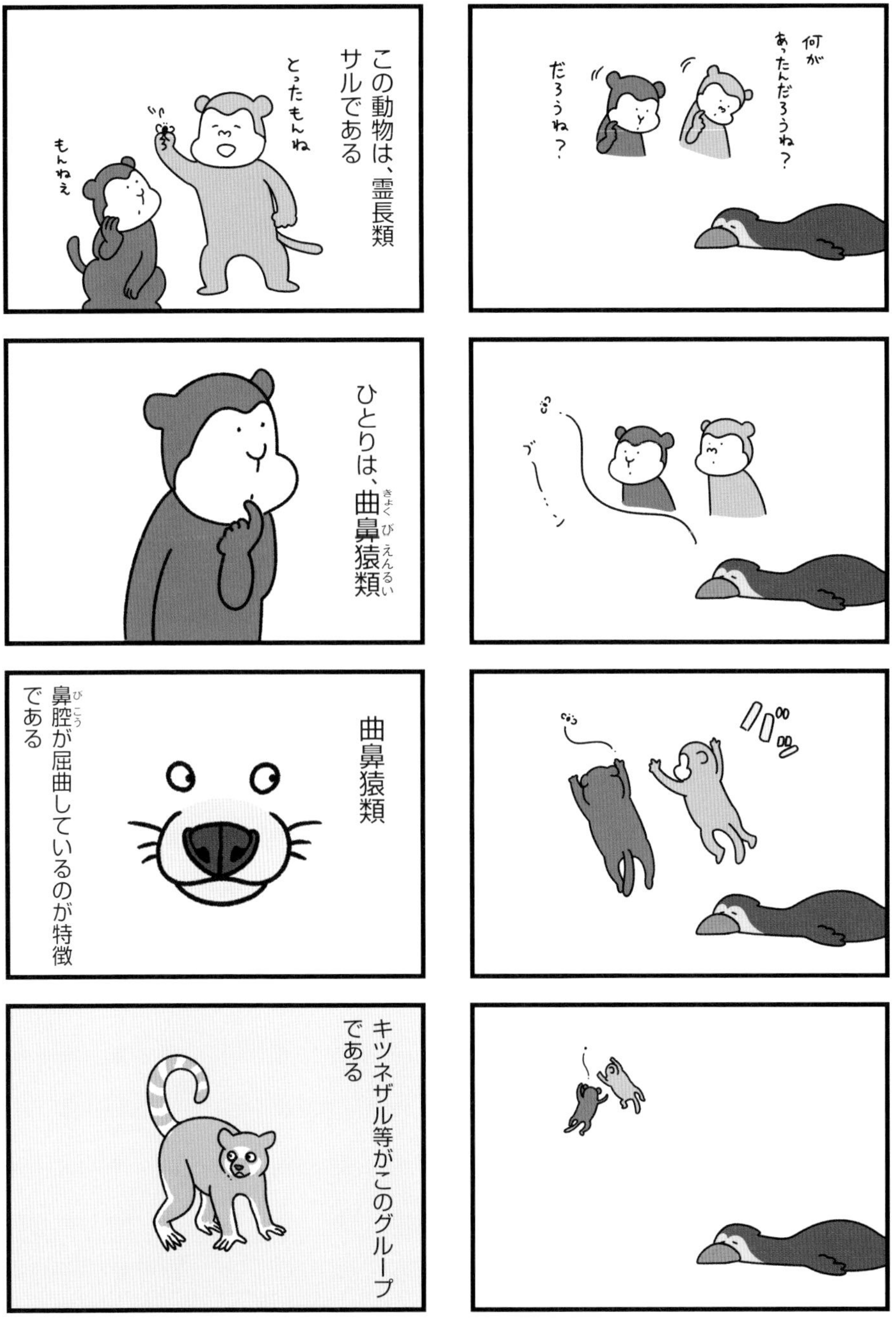
何があったんだろうね？
だろうね？
ブー…ン
バッ
この動物は、霊長類サルである
とったもんね
もんねえ
ひとりは、曲鼻猿類《きょくびえんるい》
曲鼻猿類
鼻腔《びこう》が屈曲しているのが特徴である
キツネザル等がこのグループである

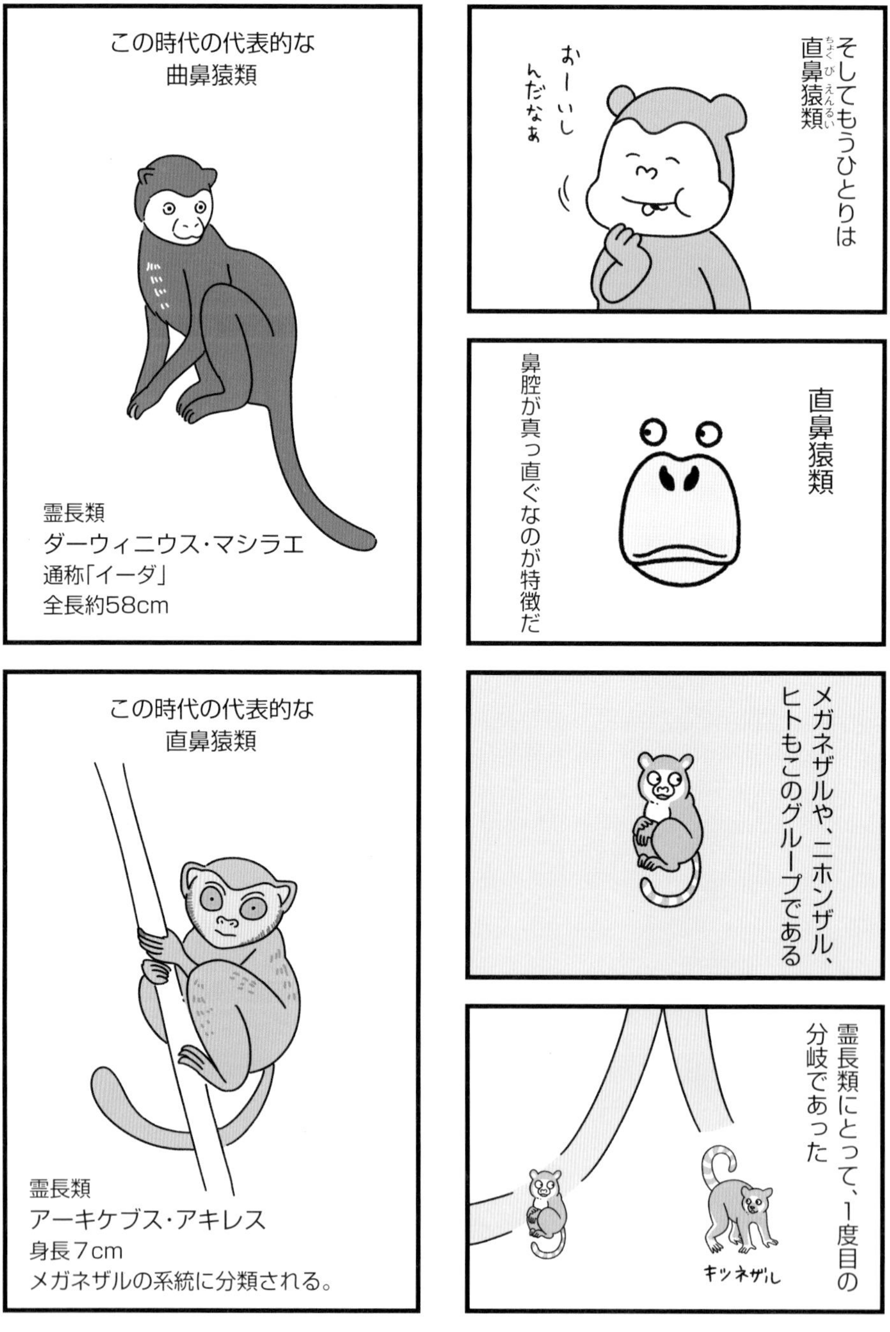
そしてもうひとりは
直《ちょく》鼻《び》猿《えん》類《るい》
おーいし
んだなぁ
直鼻猿類
鼻腔が真っ直ぐなのが特徴だ
メガネザルや、ニホンザル、
ヒトもこのグループである
霊長類にとって、1度目の
分岐であった
キツネザル
この時代の代表的な
曲鼻猿類
霊長類
ダーウィニウス・マシラエ
通称「イーダ」
全長約58cm
この時代の代表的な
直鼻猿類
霊長類
アーキケブス・アキレス
身長7cm
メガネザルの系統に分類される。

寒冷と乾燥

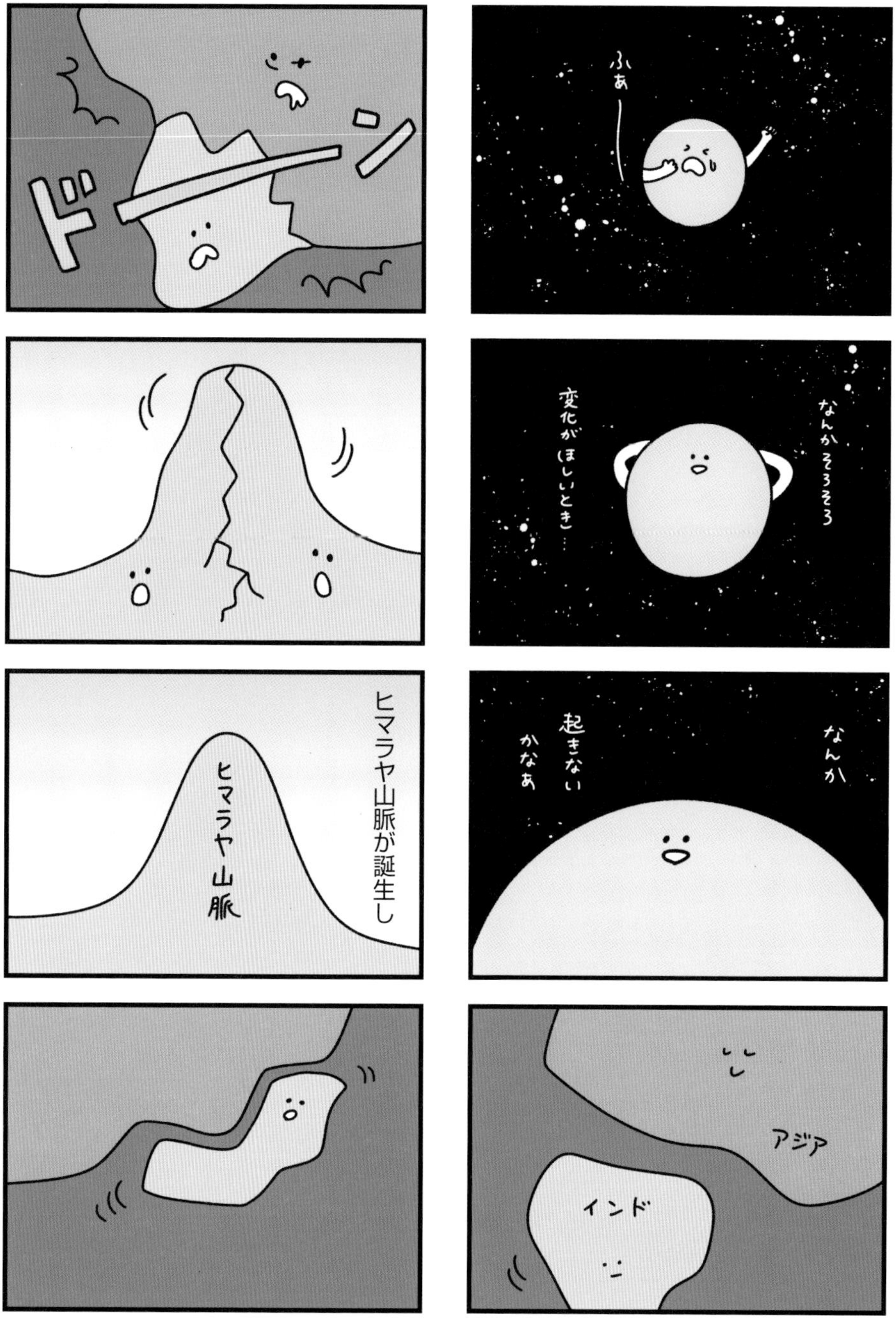
ふあー
なんかそろそろ
変化がほしいとき…
なんか
起きない
かなあ
アジア
インド
ドン
ヒマラヤ山脈が誕生し
ヒマラヤ山脈

草原へ

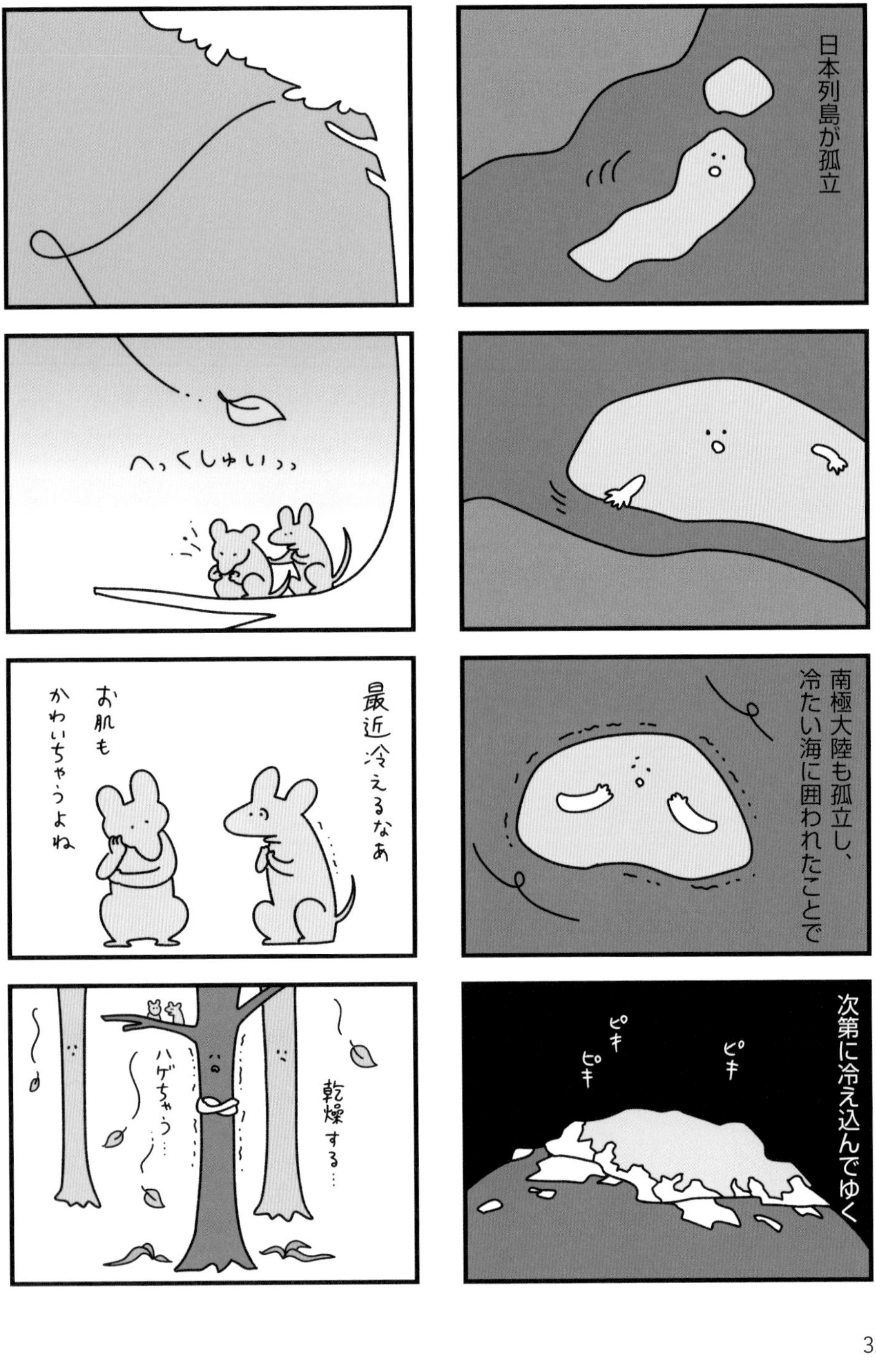

日本列島が孤立
南極大陸も孤立し、冷たい海に囲まれたことで
次第に冷え込んでゆく
ピキ
ピキ
ピキ
へっくしゅいっっ
最近冷えるなあ
お肌もかわいちゃうよね
乾燥する…
ハゲちゃう…

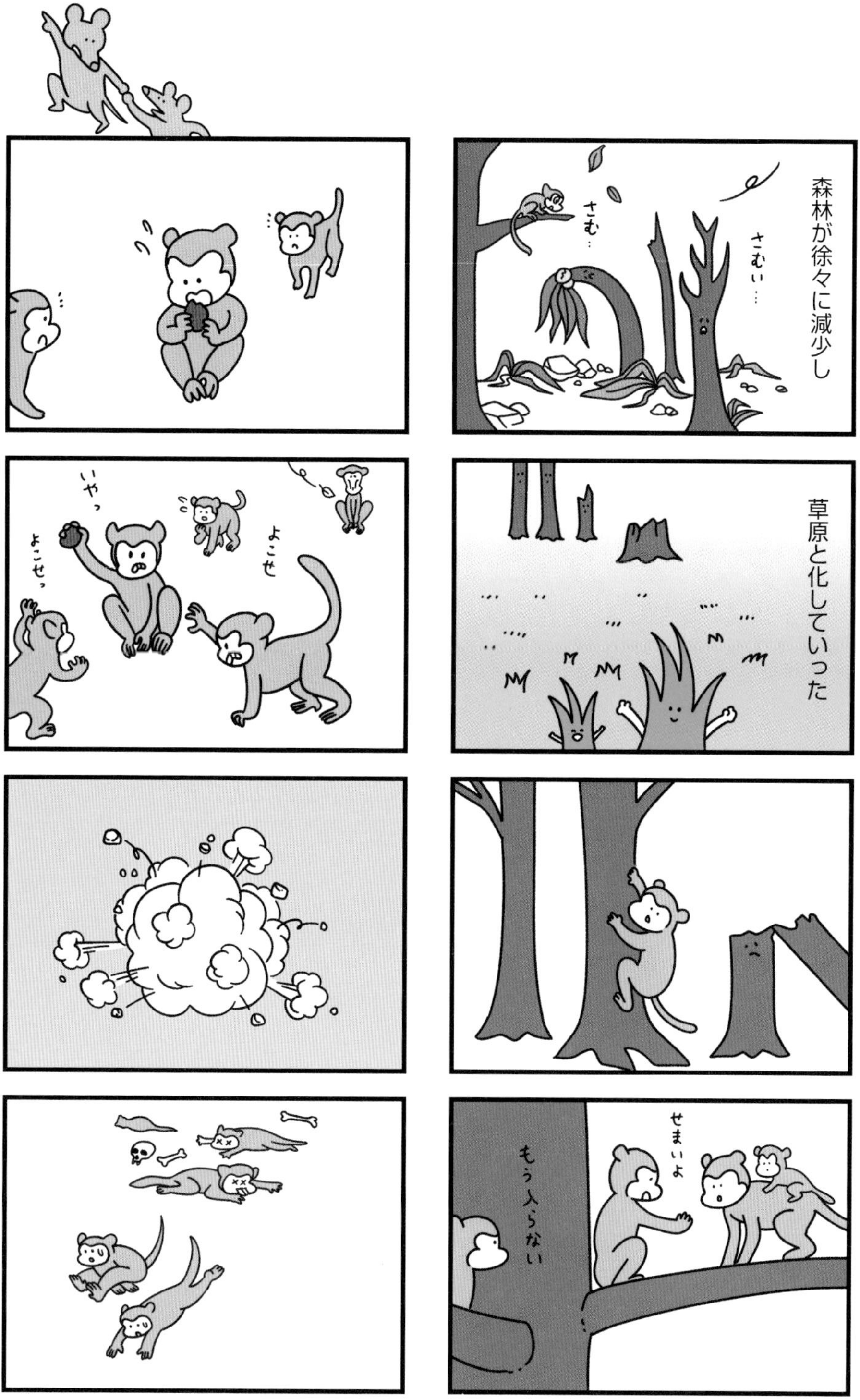
森林が徐々に減少し
さむい…
さむ…
草原と化していった
せまいよ
もう入らない
いやっ
よこせ
よこせっ

イヌ科

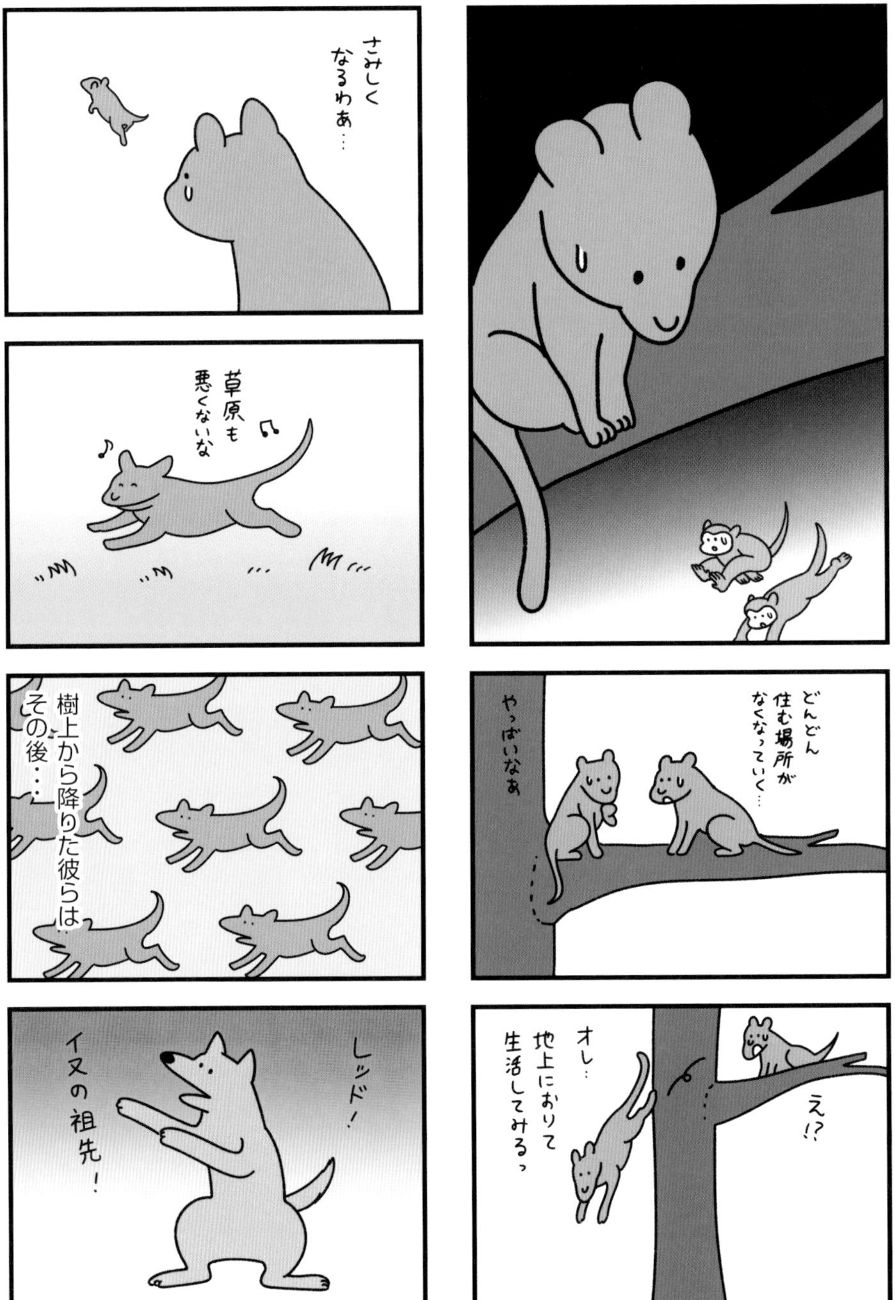
どんどん住む場所がなくなっていく…
やっぱいなあ
オレ…地上におりて生活してみるっ
え!?
さみしくなるわあ…
草原も悪くないな
樹上から降りた彼らは
その後・・・
レッド!
イヌの祖先!

当時のイヌ科たち

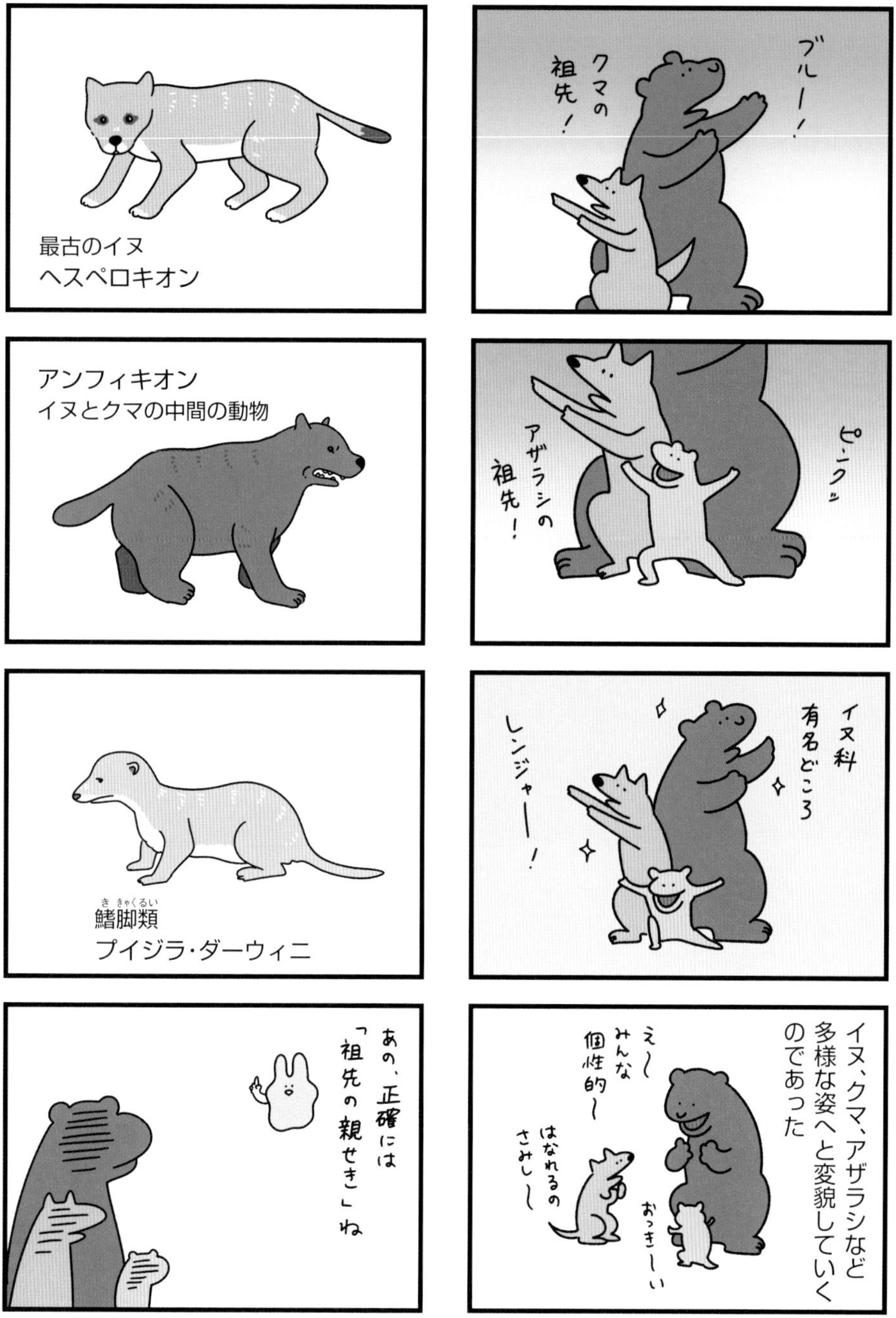
ブルー!
クマの祖先!
ピンクッ
アザラシの祖先!
イヌ科有名どころ
レンジャーー!
イヌ、クマ、アザラシなど多様な姿へと変貌していくのであった
えー みんな個性的〜
はなれるのさみしー
おっきーい
最古のイヌ
ヘスペロキオン
アンフィキオン
イヌとクマの中間の動物
鰭脚類《ききゃくるい》
プイジラ・ダーウィニ
あの、正確には「祖先の親せき」ね

原点の地

…ふう
森はへるし
食べ物はないし
おなかすいたなあ…
木にのぼって
まわり見わたしてみよう
あっ
森だ
助かった—っ

真猿類

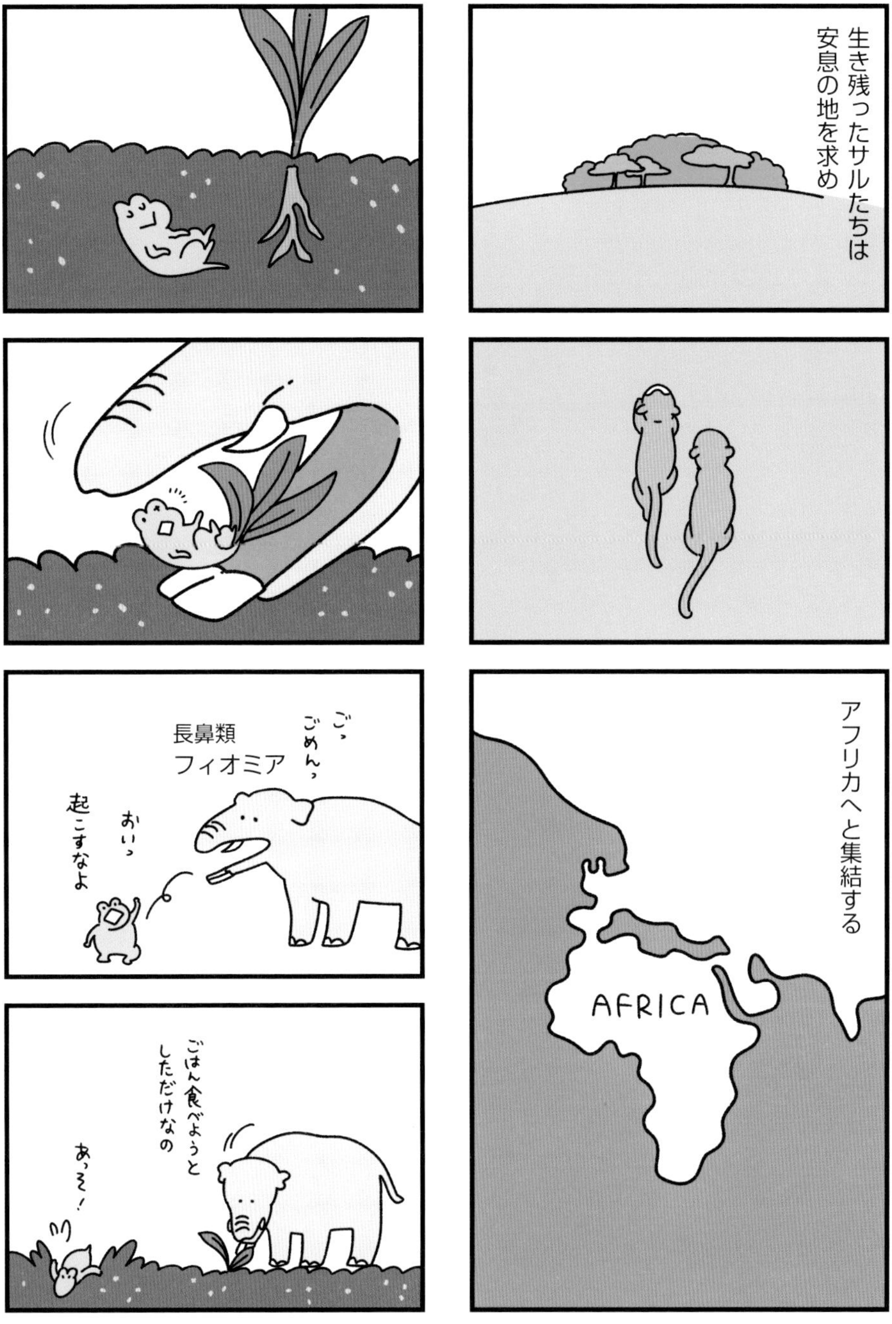

生き残ったサルたちは
安息の地を求め
アフリカへと集結する
AFRICA
長鼻類
フィオミア
ごっ ごめんっ
おいっ
起こすなよ
ごはん食べようと
しただけなの
あっそ！

ギャッ
なんだオメェは
やめろっっ
やめろって
バカヤロウ
おみやげー
霊長類は一度目の分岐をしたあと
いいかげんにしとけよっっ
直鼻猿類の中から「真猿類」というグループが誕生していた
曲鼻猿類
直鼻猿類
キツネザル
真猿類
だからなんだってんだ
ペットにしようかあ
真猿類
カトピテクス
突然変異で歯並びが発達した最初期の霊長類
きいちゃいねえ
カエルさんのためにごはんみつけてくるねー
いいって

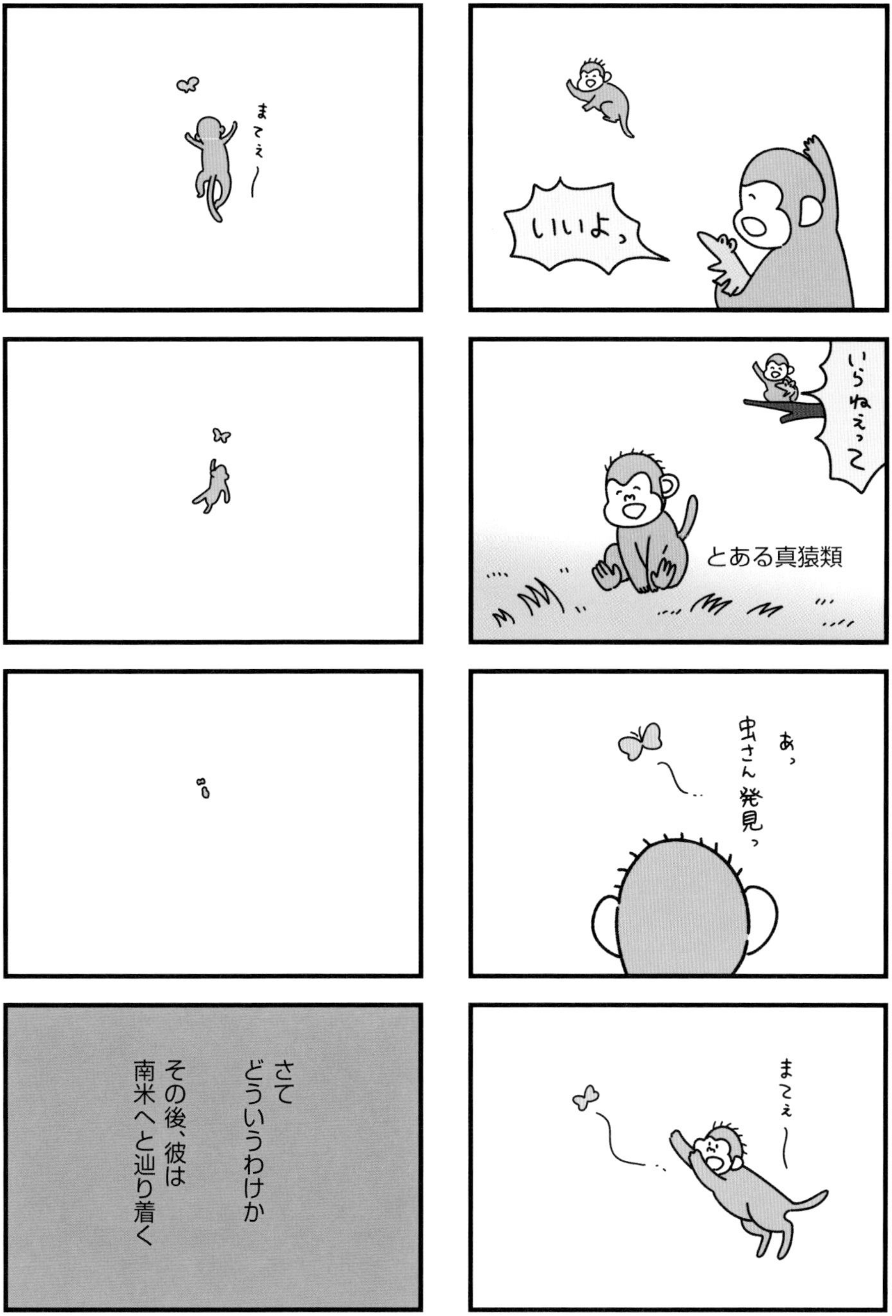
いいよっ
いらねえって
とある真猿類
あっ
虫さん発見っ
まてえ〜
まてえ〜
さて
どういうわけか
その後、彼は
南米へと辿り着く

狭鼻猿類

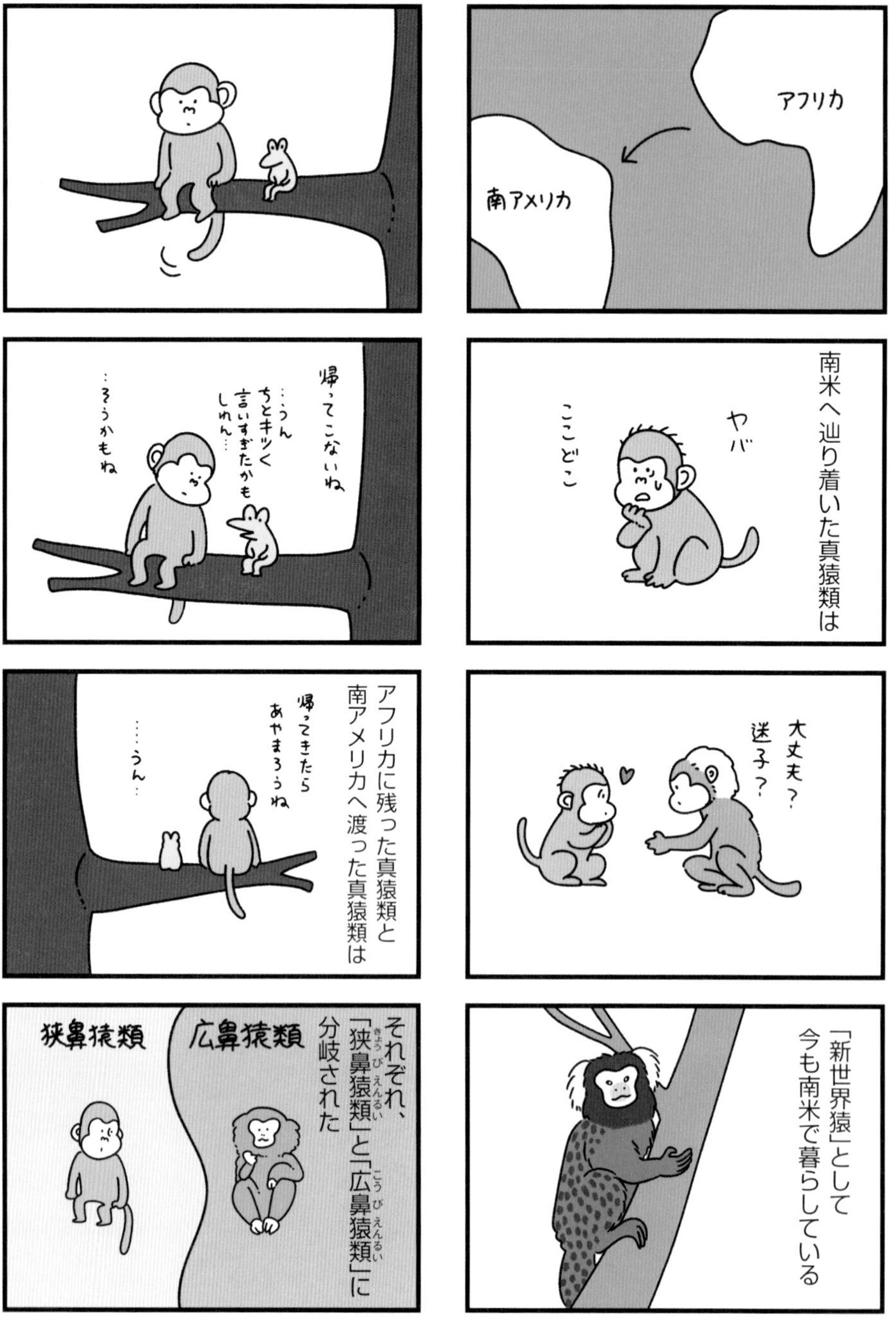

アフリカ
南アメリカ
南米へ辿り着いた真猿類は
ヤバ
ここどこ
大丈夫？
迷子？
「新世界猿」として
今も南米で暮らしている
帰ってこないね
…うん
ちとキツく
言いすぎたかも
しれん…
…そうかもね
アフリカに残った真猿類と
南アメリカへ渡った真猿類は
帰ってきたら
あやまろうね
……うん…
それぞれ、
「狭鼻猿類《きょうびえんるい》」と「広鼻猿類《こうびえんるい》」に
分岐された
狭鼻猿類
広鼻猿類

サル

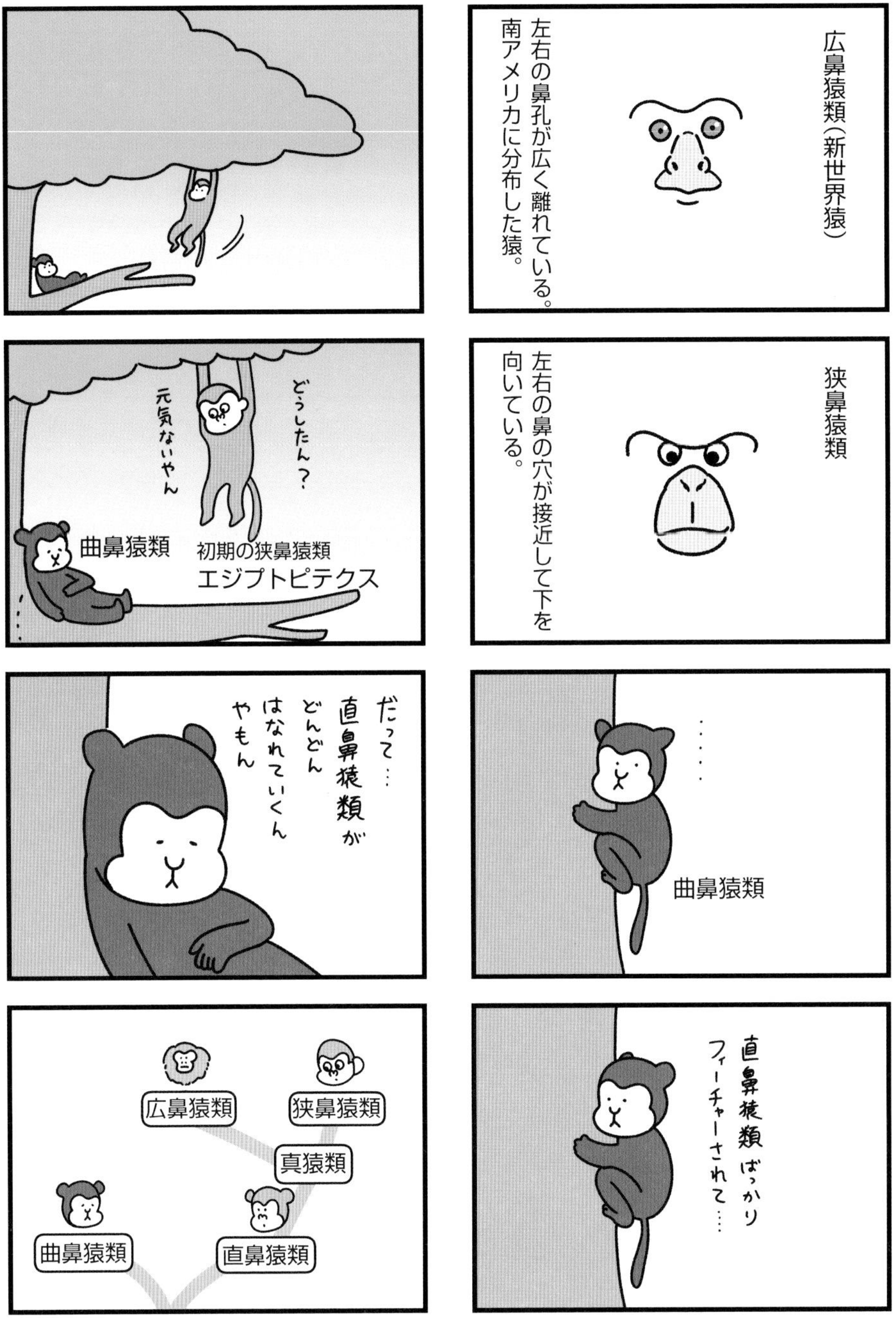
どうしたん？
元気ないやん
曲鼻猿類
初期の狭鼻猿類
エジプトピテクス
だって…直鼻猿類がどんどんはなれていくんやもん
広鼻猿類
狭鼻猿類
真猿類
曲鼻猿類
直鼻猿類
広鼻猿類（新世界猿）
左右の鼻孔が広く離れている。南アメリカに分布した猿。
狭鼻猿類
左右の鼻の穴が接近して下を向いている。
……
曲鼻猿類
直鼻猿類ばっかりフィーチャーされて……

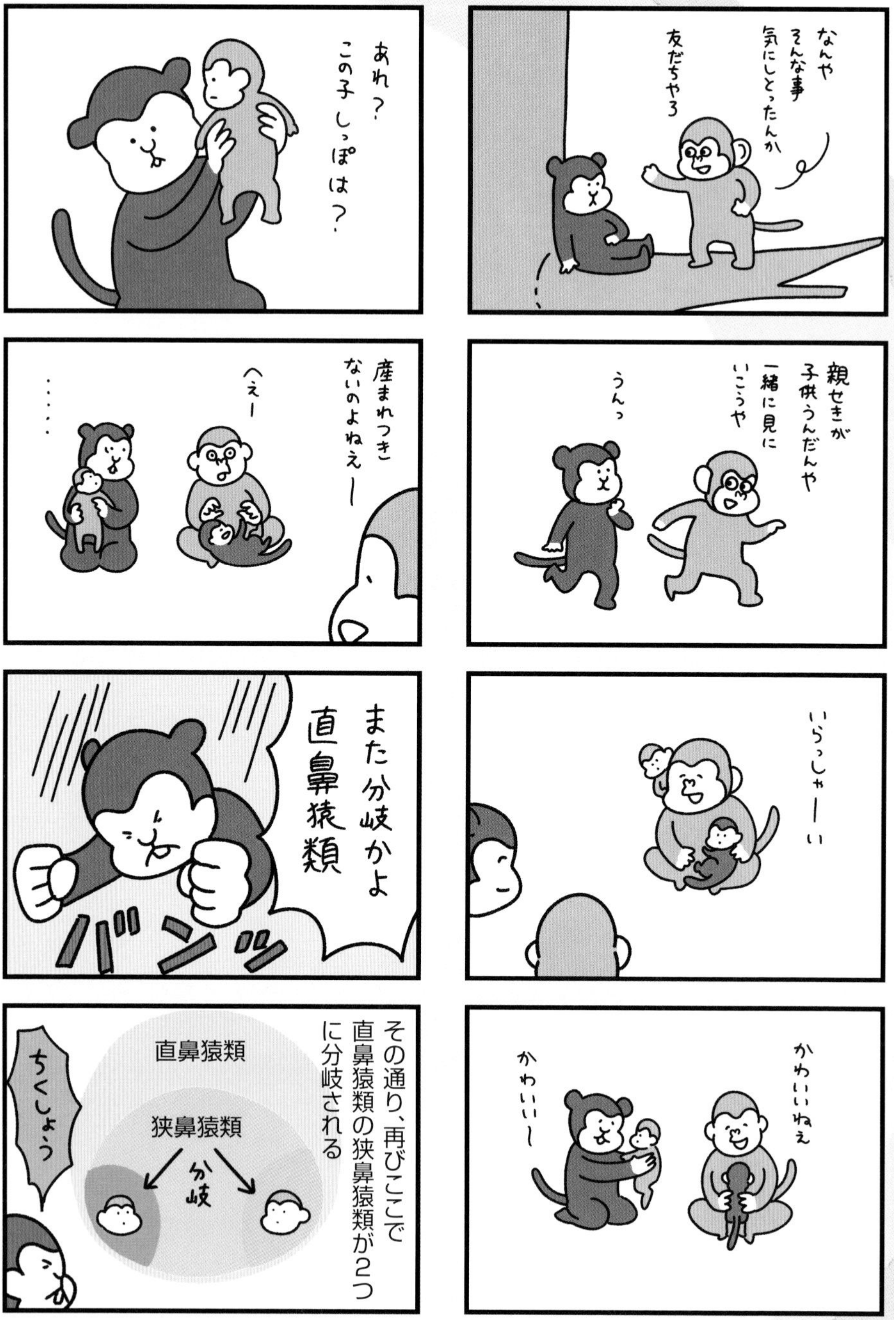
なんや
そんな事
気にしとったんか
友だちやろ
親せきが
子供うんだんや
一緒に見に
いこうや
うんっ
いらっしゃーい
かわいいねぇ
かわいい〜
あれ？
この子しっぽは？
産まれつき
ないのよねぇー
へえー
……
また分岐かよ
直鼻猿類
バンッ
その通り、再びここで
直鼻猿類の狭鼻猿類が2つ
に分岐される
直鼻猿類
狭鼻猿類
分岐
ちくしょう

尾がある方は、
オナガザルへ進化
テングザル、マントヒヒ、
ニホンザル等があげられる
オナガザルはその名の通り
尾が長いサルのことだが
ニホンザルのように尾が
短いものもいる
オナガザルは、南米へ渡った
「新世界猿」と違いアフリカに
残ったため
新
旧
「旧世界猿」とも呼ばれる
この分岐で、サルとはお別れ
である
え!?
尾がない方は、これから
類人猿となり
我々、人類の祖先へと
つながっていくのだ

大量絶滅を生き延びた哺乳類

真獣類

エオマイア

エオマイアの所属するグループが生きのびたんやねえ
ねずみとちゃうで小さな ほ乳類や

白亜紀に起きた恐ろしい大量絶滅ー
恐竜のような大型の動物たちは
ほとんど死に絶えてしまった。
生き延びたグループの一つは、
弱者であった小さな哺乳類である。
彼らが生き延びたおかげで、今の私たちが存在するのだ。

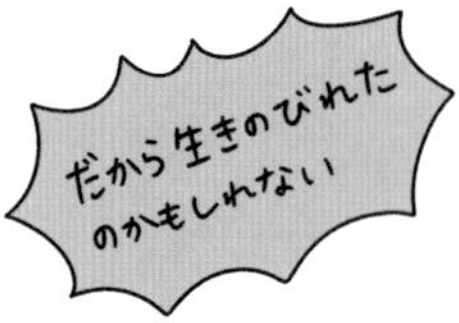
だから生きのびれたのかもしれない

雑食で食べ物に困らなかった

繁殖スピードが早い

お腹で子を守る

恐竜の生き残り「鳥類」

鳥類は、恐竜類の生き残りである。
生き残った小型の恐竜類－鳥類は、様々な姿に形を変え
今も世界中で繁栄しているのだ。

恐鳥類
ガストルニス

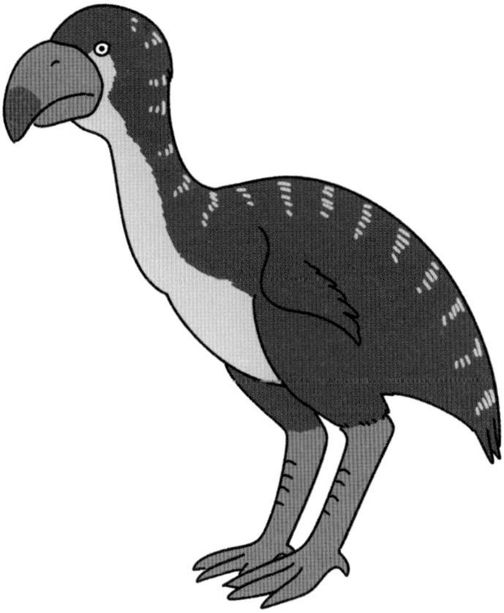

最古のペンギン類
ワイマヌ

身近な鳥類
スズメ

拡散した哺乳類たち

鯨偶蹄類

アンドリュウサルクス

陸上の肉食哺乳類史上最大の頭でっかちである。
全長は3.5mもあり、そのうちの4分の1を大きな顎が占めていた。
腐肉食獣という説がある。

翼手類

イカロニクテリス

最古のコウモリのひとつ。
空を飛ぶ哺乳類は、この「翼手類」だけである。
超音波を使って周りの様子を知る「エコーロケーション」を
この時から既に獲得している。

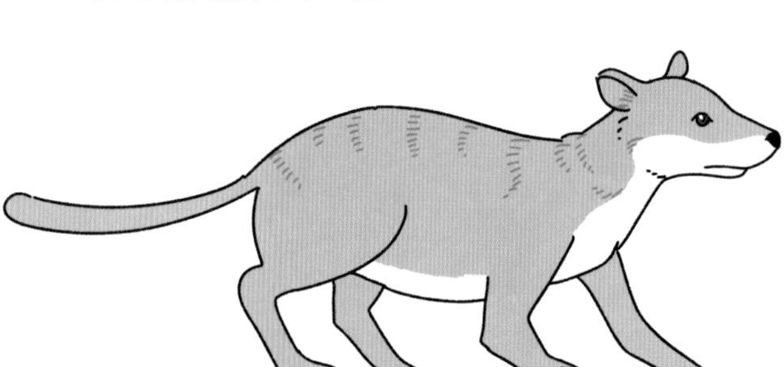

食肉類

ミアキス

イヌとネコの共通祖先と
言われている。
小型の哺乳類で、
樹上生活をしていたようだ。

奇蹄類

パラケラテリウム

史上最大の陸上哺乳類。
「インドリコテリウム」とも
呼ばれているが同種である。
意外と足が速かったのでは、と
言われている。

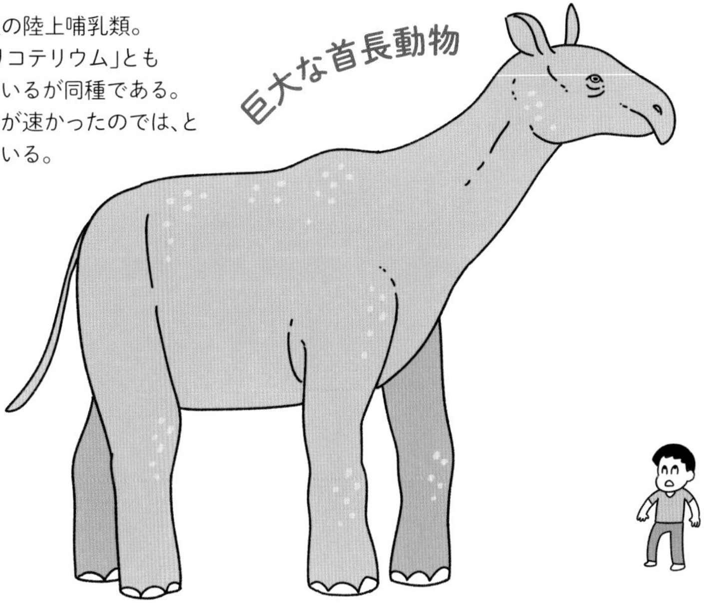

鯨偶蹄類

パキケトゥス

鯨偶蹄類

インドヒウス

巨大な身体で海を泳ぐ哺乳類「クジラ」。
その昔は、小さな姿で陸上で暮らしていたのである。
インドヒウスもパキケトゥスも、耳の構造がクジラ類とほぼ同じである。
パキケトゥスは目の位置が上部に付いておりワニのように水面から周りの
様子をうかがえるよう進化したのではないだろうか。

Neogene period

2,303万年前から258万年前

新《しん》第《だい》三《さん》紀《き》

温暖な気候であらゆる生物が活気づいている中、陸上では着々と類人猿が繁栄し、分岐も進んでいた。

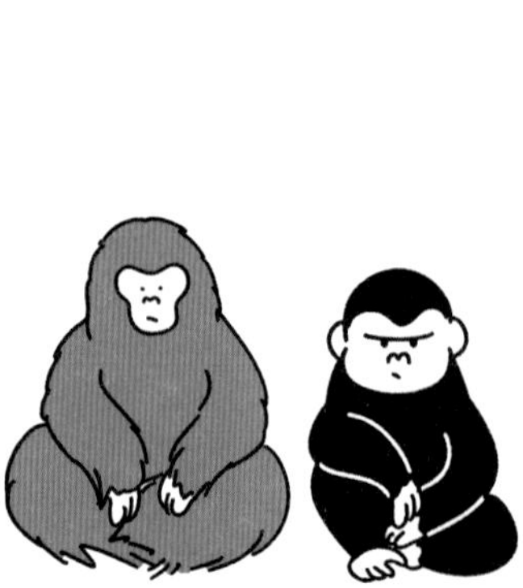

進化する動物たち

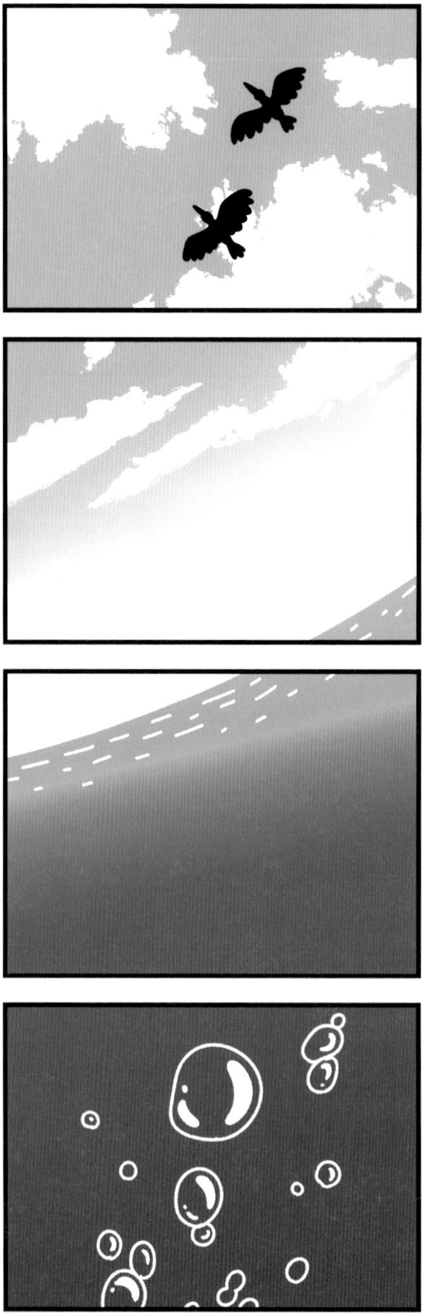

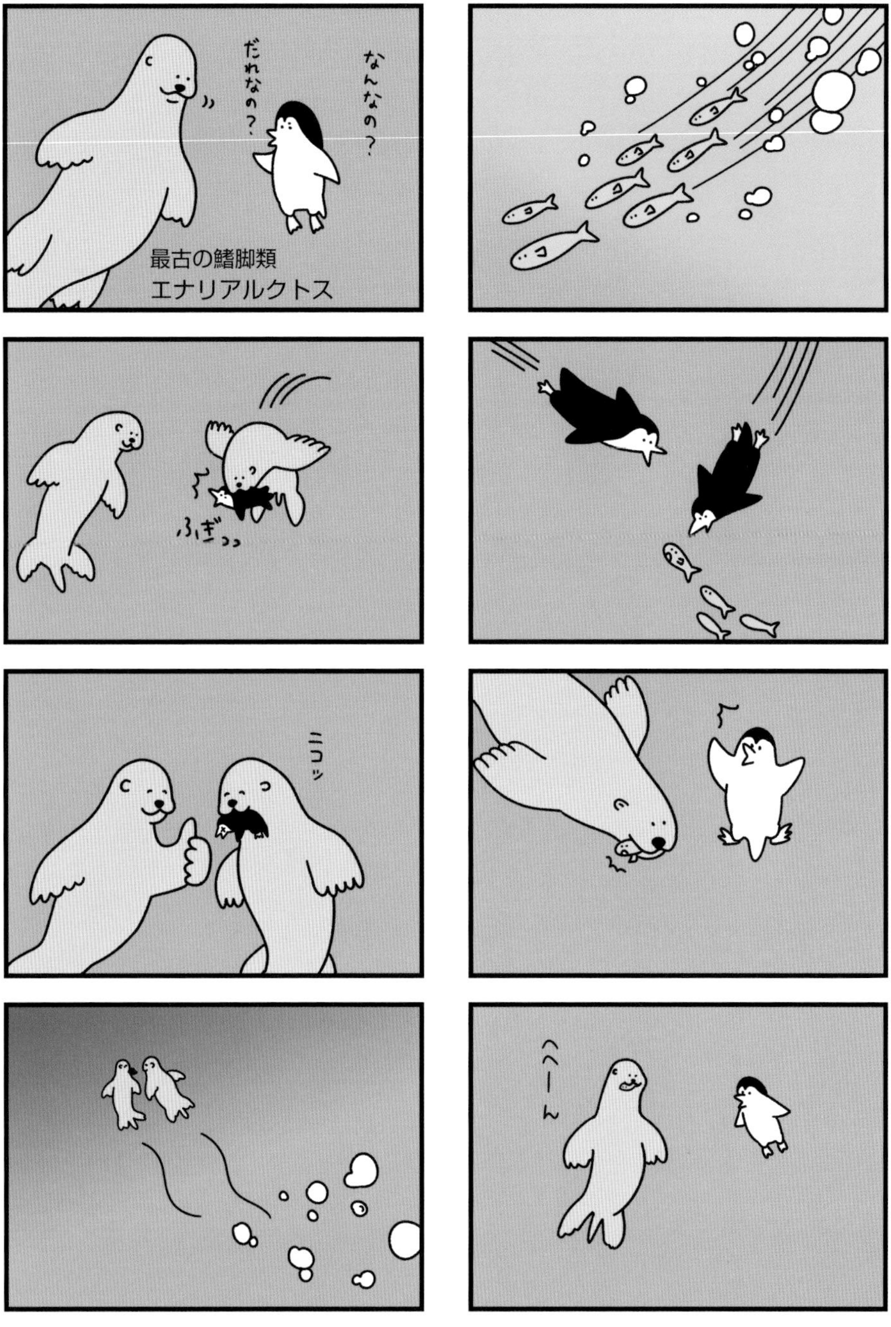
なんなの？
だれなの？
最古の鰭脚類
エナリアルクトス
ふぎっっ
ニコッ
へーん

新第三紀が幕を開けたとき
サメ類
メガロドン

気候は温暖で、動物たちは
活気にあふれていた
鯨偶蹄類-ウシ目
プロリビテリウム

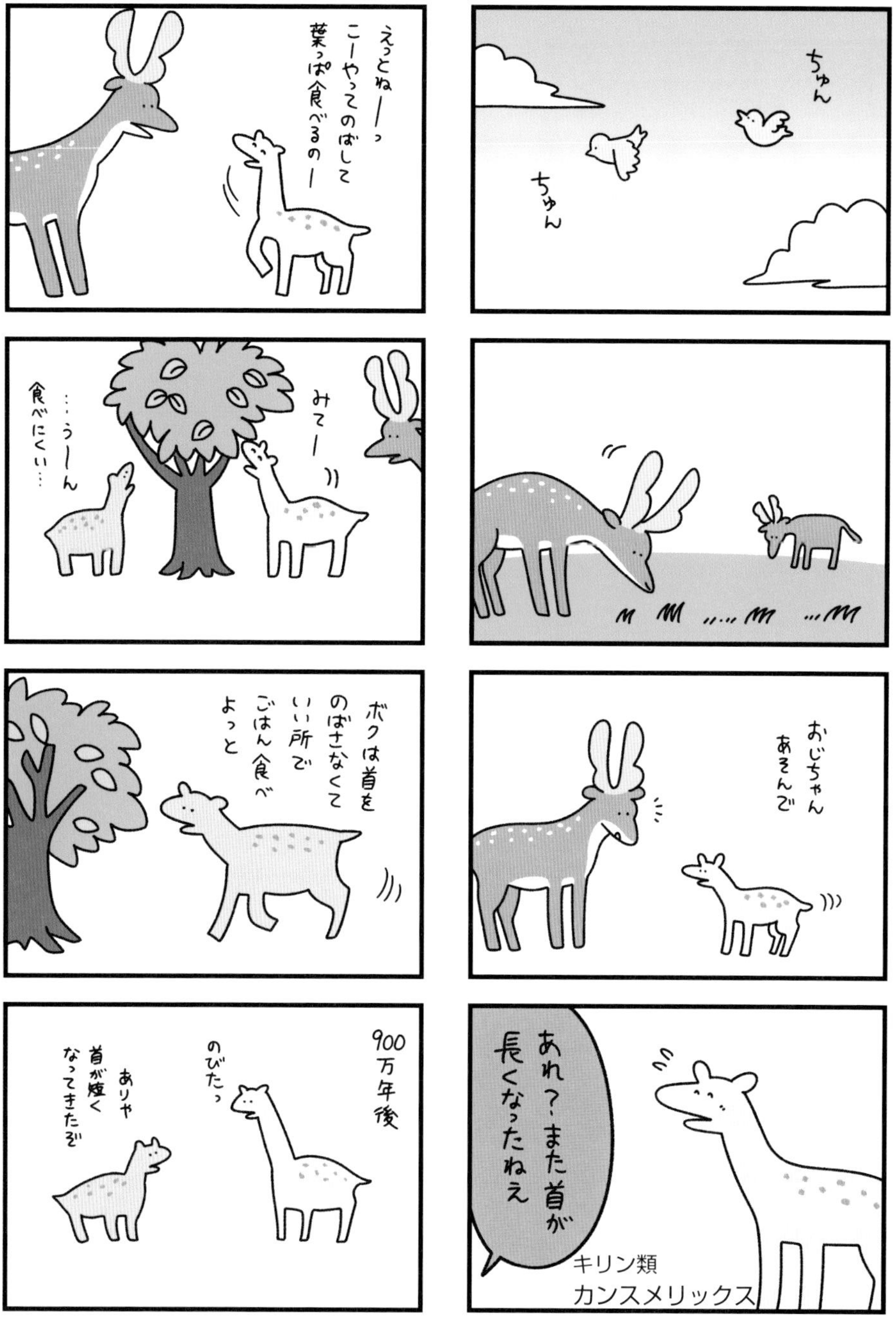
ちゅん
ちゅん
おじちゃん あそんで
あれ?また首が長くなったねえ
キリン類
カンスメリックス
えっとねーっ こーやってのばして 葉っぱ食べるのー
みてー
…うーん 食べにくい…
ボクは首を のばさなくて いい所で ごはん食べ よっと
900万年後
のびたっ
ありゃ 首が短く なってきたぞ

現在
キリン類
キリン
キリン類
オカピ
首が伸びる進化と縮む進化をしたキリン類であった
べんりよ
重そう

かぎ爪を持つものと巨大ネズミ

のっし
のっし
奇蹄類
カリコテリウム
奇蹄類―ウマ類であるこの生物
顔はウマに似ているが

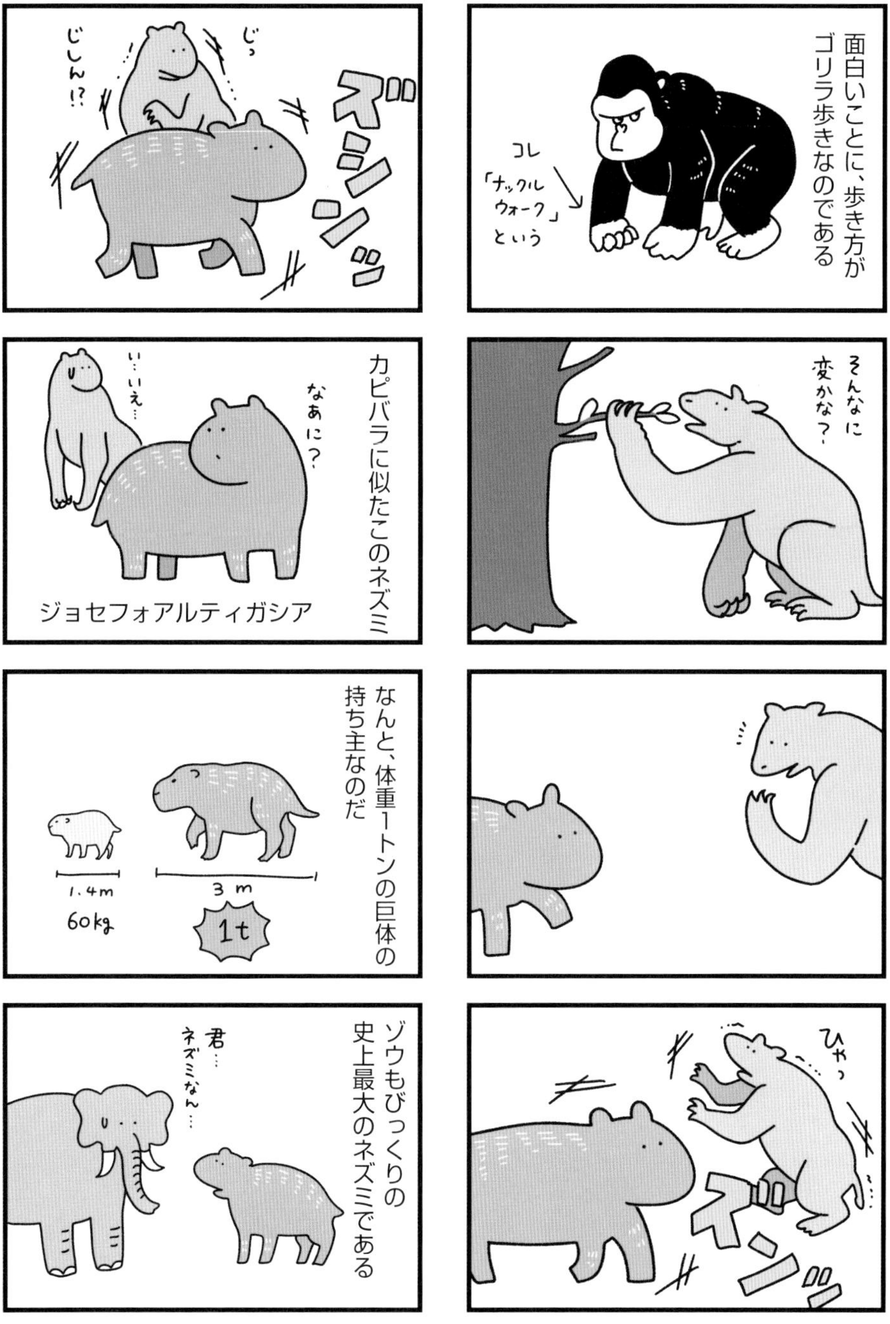
面白いことに、歩き方が
ゴリラ歩きなのである
コレ「ナックルウォーク」という
そんなに変かな?
ひゃっ
ズシンッ
じっ
じしん!?
カピバラに似たこのネズミ
なあに?
い…いえ…
ジョセフォアルティガシア
なんと、体重1トンの巨体の
持ち主なのだ
1.4m
60kg
3m
1t
ゾウもびっくりの
史上最大のネズミである
君…
ネズミなん…

追いやられて

もぎっ
ふう
類人猿
プロコンスル
なーんか
おもろい事
起きひんかなあ
そ〜…
キーッ
とるなーっ
ここは
オレの
もんや
あいつがあんな強欲に
なるとは…
兄弟やった
のになあ…
旧世界猿

繰り返す寒冷化

ぴゅ
さむっ
ちえっ
悩んでるヒマやないっ
オレらはオレらで
うんっ
環境に適応して
いかなあかんっ
オイラも
果実食べたいなあ
ガマン ガマン
また寒くなって
きたからなあ
葉っぱでもなんでも
食べていくで
くやしいけど
類人猿の方が体も
頭脳も大きい
ここは
じっと たえるしかない
ふんっ

いつまで？
それはわからん
あーーん
類人猿めーー
そんなある日
はあーー…
ふうーーっ
ギャアアーー
さむーーいっ
バタ
バタ
ムリ
バタ
急激な寒冷と乾燥により
熱帯雨林が激減

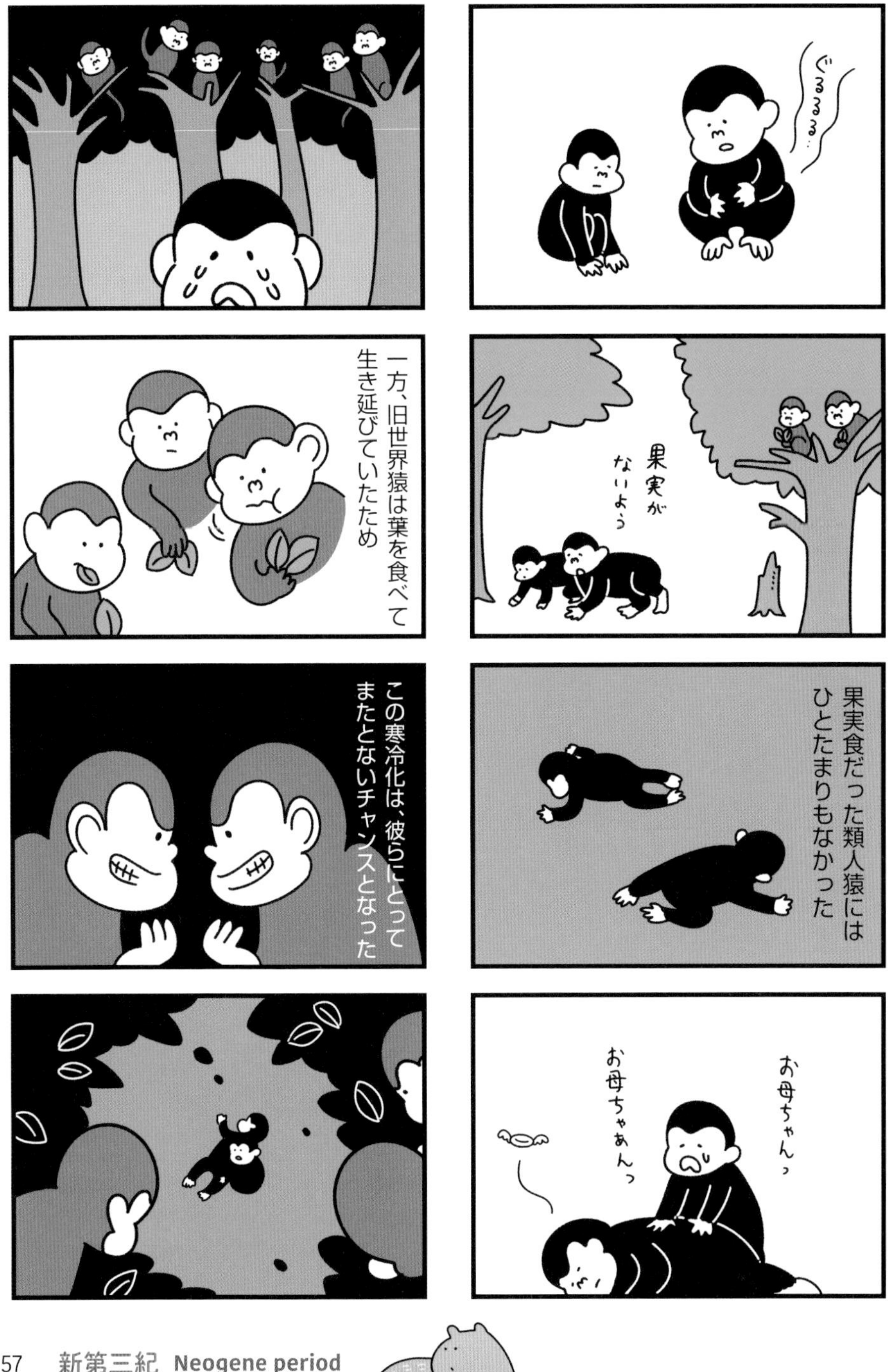
ぐるるる…
果実がないよう
一方、旧世界猿は葉を食べて生き延びていたため
果実食だった類人猿にはひとたまりもなかった
この寒冷化は、彼らにとってまたとないチャンスとなった
お母ちゃんっ
お母ちゃあんっ

反撃のとき

熱帯雨林で繁栄していた
類人猿たち
徐々にその数は減っていき
旧世界猿たちと逆転し始める
キィ
HAHAHAHAHA
トボトボ
ハア…
どないしょ

軽量化するもの

しかし、進化とは逆境の時にこそ発揮されるものである
ひゃっほーーーい
まーた
あそんどる
だって姉ちゃんと
ちがって
身体かるくて
楽しいんやもん
はいはい
どーせ私は
でかいですよ
果実とってきてあげる
軽量化することで、枝先まで自由に動けるようになったこの類人猿は
テナガザルの祖先である
霊長類
テナガザル

類人猿となってから
これが一度目の分岐点
類人猿
はい
これあげる
姉ちゃんは大きい
身体を活かしてってよ
オレはこのスタイルで
繁栄していくわ
ザァッ…
分岐…
分岐でどんどん
皆と分かれてく…
そのうちバラバラになって
いがみ合って
しまうんやろか

オランウータンとゴリラ

のっそ
のっそ
のっし
のっし
ドスン
類人猿は次に、オランウータンの祖先を生み出した
よう
よう
オランウータンのおじちゃん こんにちわっ
はい こんにちは
なんでそんな大きいん？
なんで毛が長いん？
なんで だろねえ
私らも大きくなって いくんかな？
どんな大人に なるんやろ？

オランウータンと分かれた類人猿は、さらに成長と繁栄を続け
ギロリ
その後ゴリラの祖先が誕生した
なんかあたいらここでお別れっぽいな
そやね

さようなら類人猿

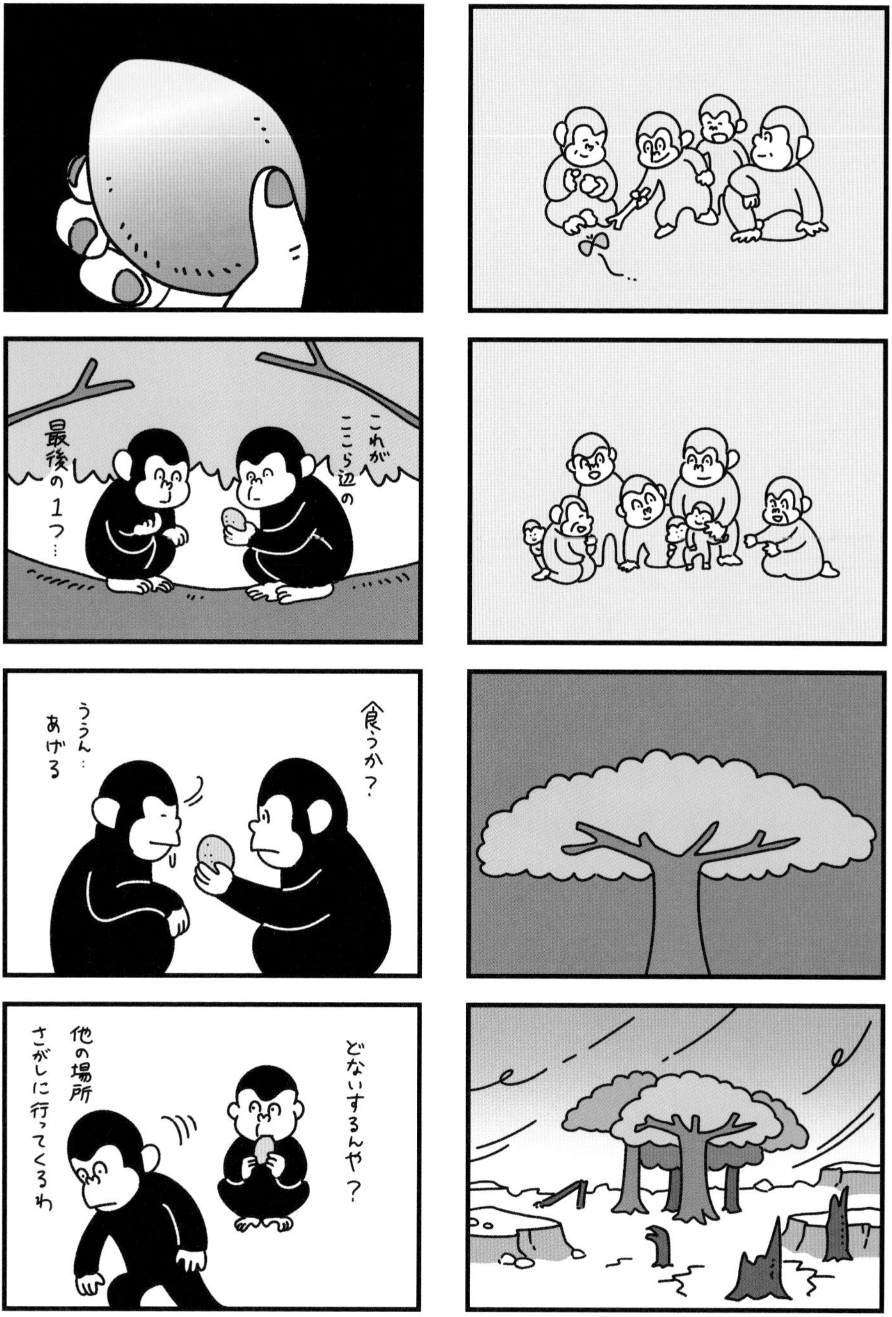

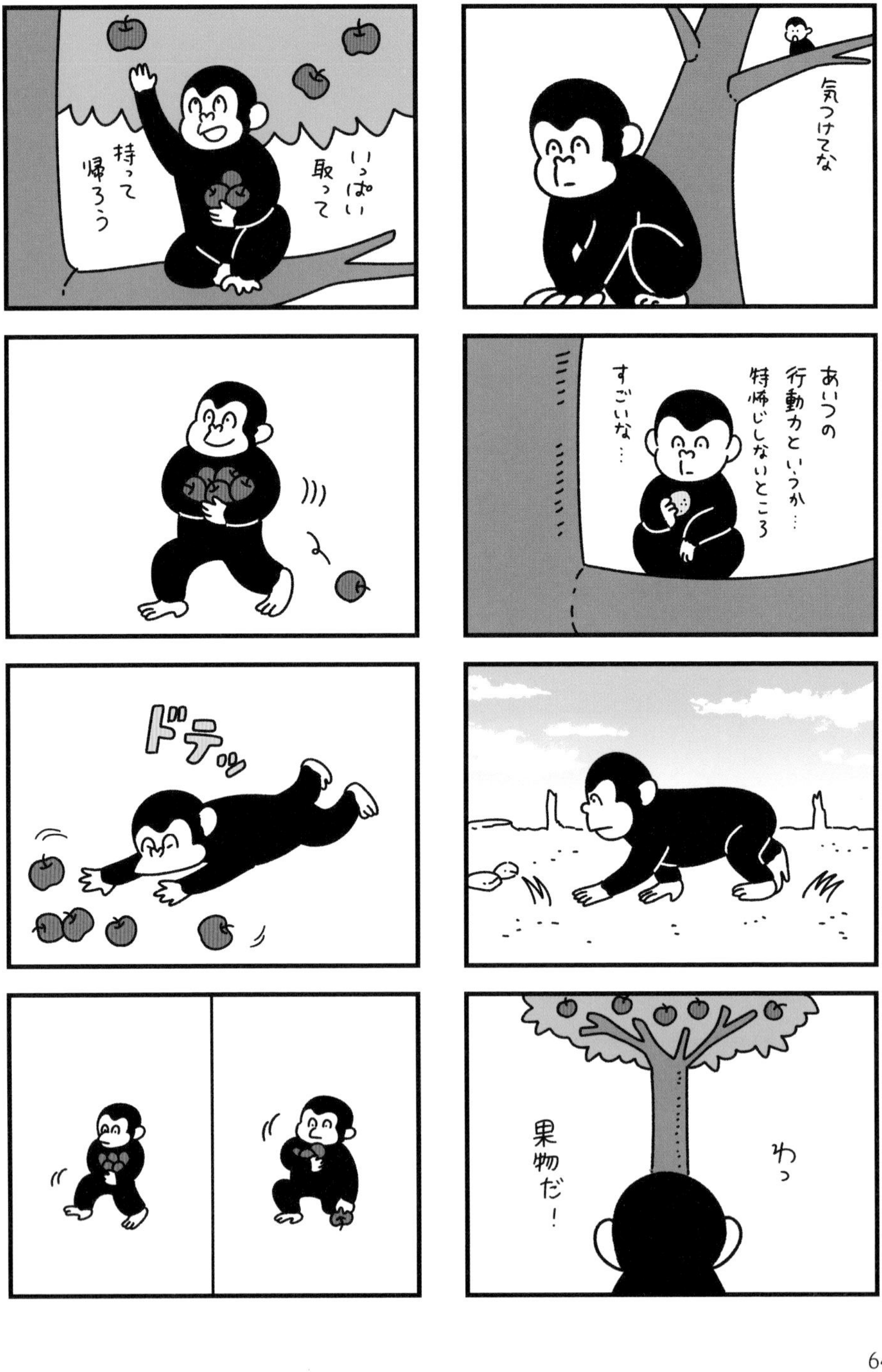
気つけてな
あいつの行動力というか…特怖じしないところ
すごいな…
わっ
果物だ!
いっぱい取って
持って帰ろう
ドテッ

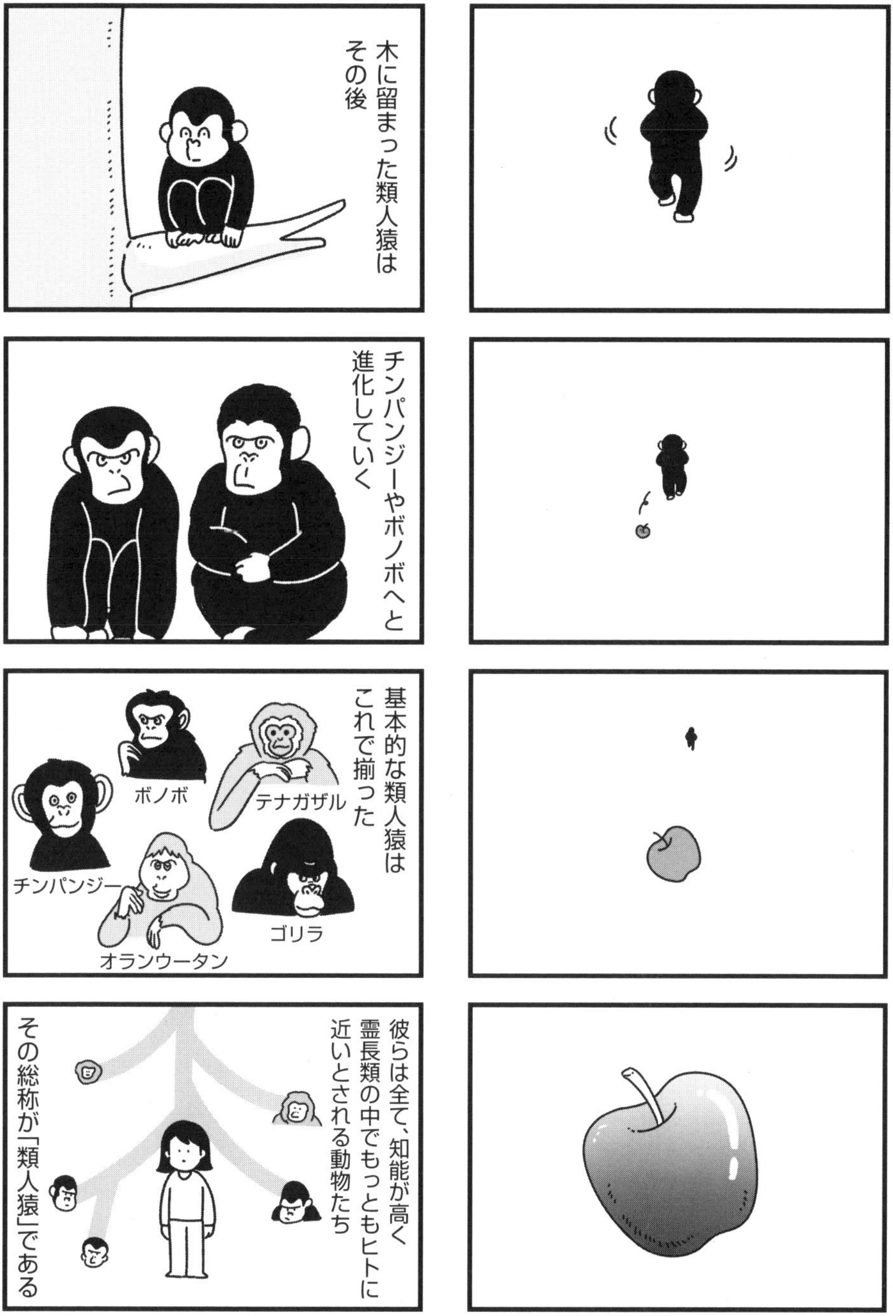
木に留まった類人猿は
その後
チンパンジーやボノボへと
進化していく
基本的な類人猿は
これで揃った
ボノボ
テナガザル
チンパンジー
オランウータン
ゴリラ
彼らは全て、知能が高く
霊長類の中でもっともヒトに
近いとされる動物たち
その総称が「類人猿」である

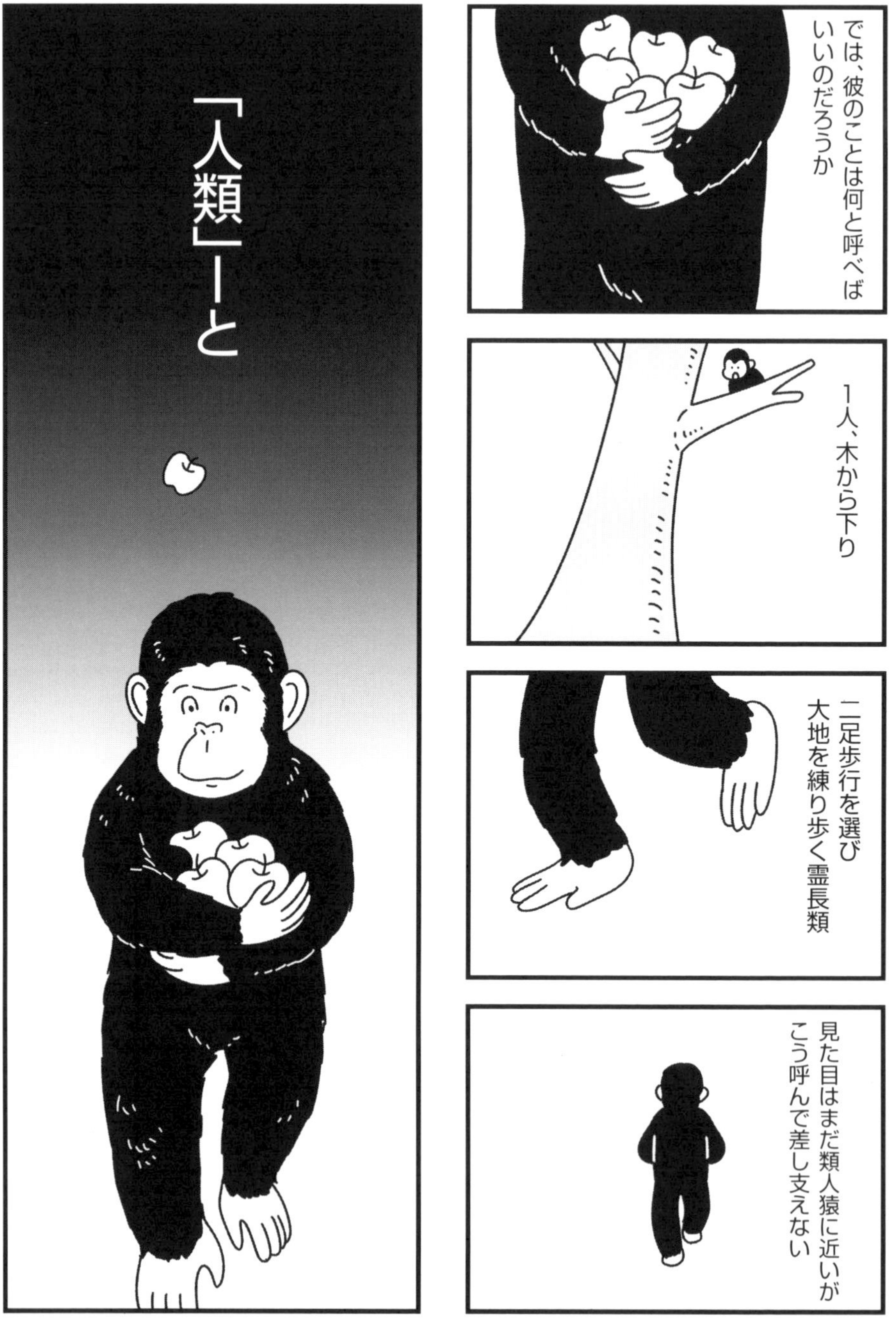
では、彼のことは何と呼べば
いいのだろうか
1人、木から下り
二足歩行を選び
大地を練り歩く霊長類
見た目はまだ類人猿に近いが
こう呼んで差し支えない
「人類」ーと

最初のホミニン

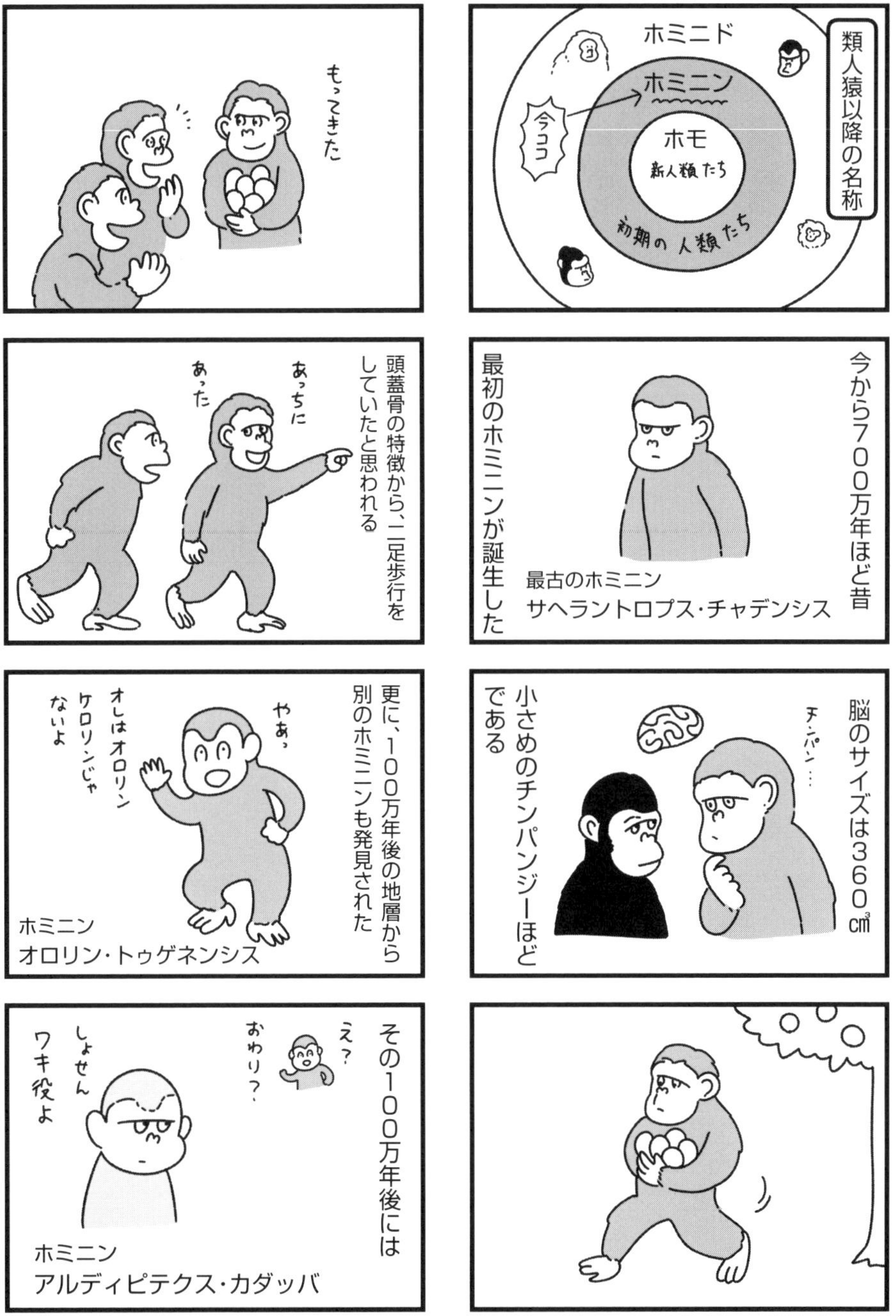

類人猿以降の名称
ホミニド
ホミニン
今ココ
ホモ
新人類たち
初期の人類たち
今から700万年ほど昔
最初のホミニンが誕生した
最古のホミニン
サヘラントロプス・チャデンシス
脳のサイズは360㎤
小さめのチンパンジーほどである
チ・パン…
もってきた
頭蓋骨の特徴から、二足歩行をしていたと思われる
あっちにあった
更に、100万年後の地層から別のホミニンも発見された
やあっ
オレはオロリンケロリンじゃないよ
ホミニン
オロリン・トゥゲネンシス
その100万年後には
え？おわり？
しょせんワキ役よ
ホミニン
アルディピテクス・カダッバ

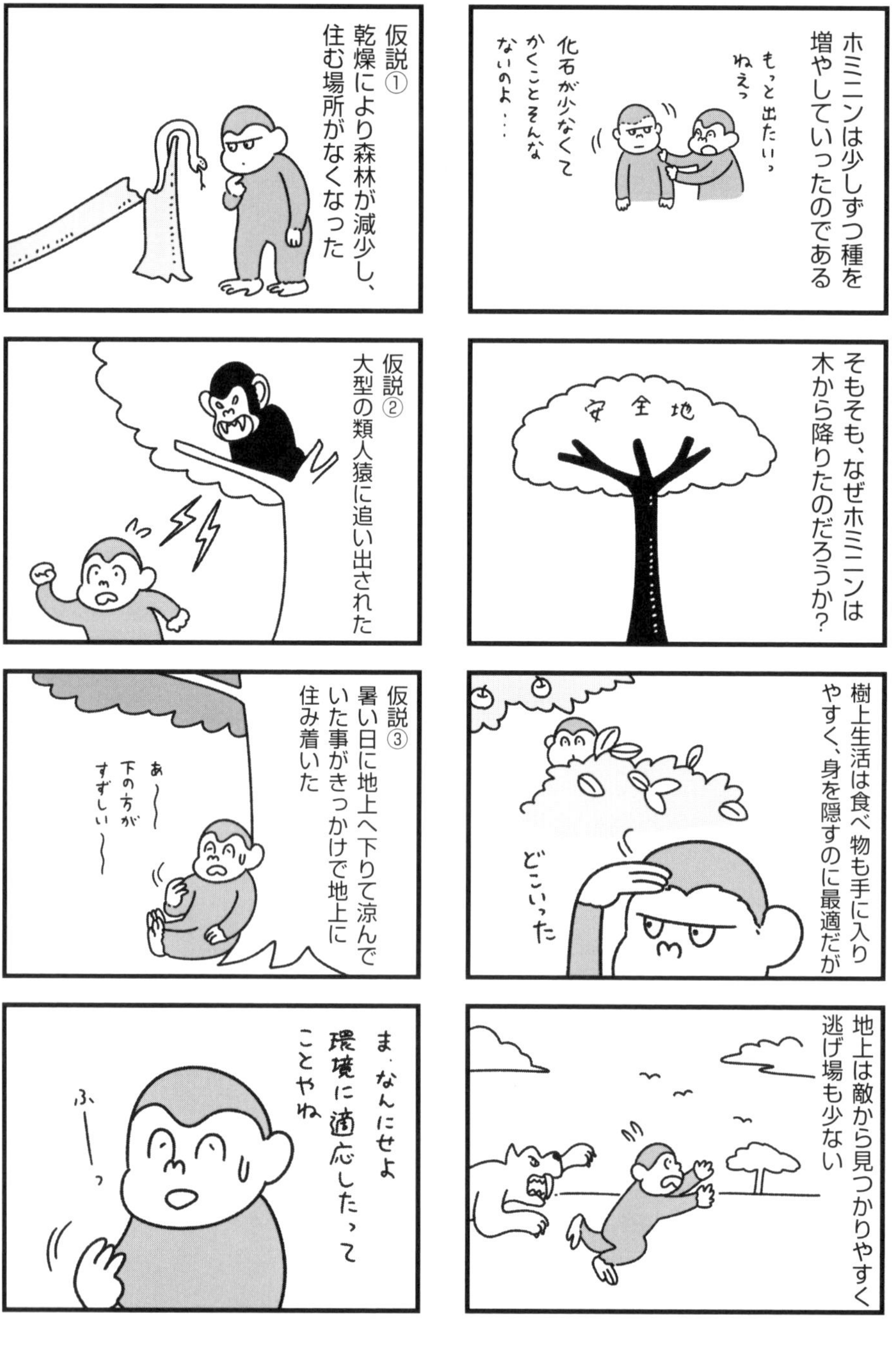
ホミニンは少しずつ種を増やしていったのである
もっと出たいっ ねえっ
化石が少なくてかくことそんなないのよ・・・
そもそも、なぜホミニンは木から降りたのだろうか？
安全地
樹上生活は食べ物も手に入りやすく、身を隠すのに最適だが
どこいった
地上は敵から見つかりやすく逃げ場も少ない
仮説①
乾燥により森林が減少し、住む場所がなくなった
仮説②
大型の類人猿に追い出された
仮説③
暑い日に地上へ下りて涼んでいた事がきっかけで地上に住み着いた
あ〜〜 下の方がすずしい〜〜
ま、なんにせよ環境に適応したってことやね
ふ——っ

ラミダス

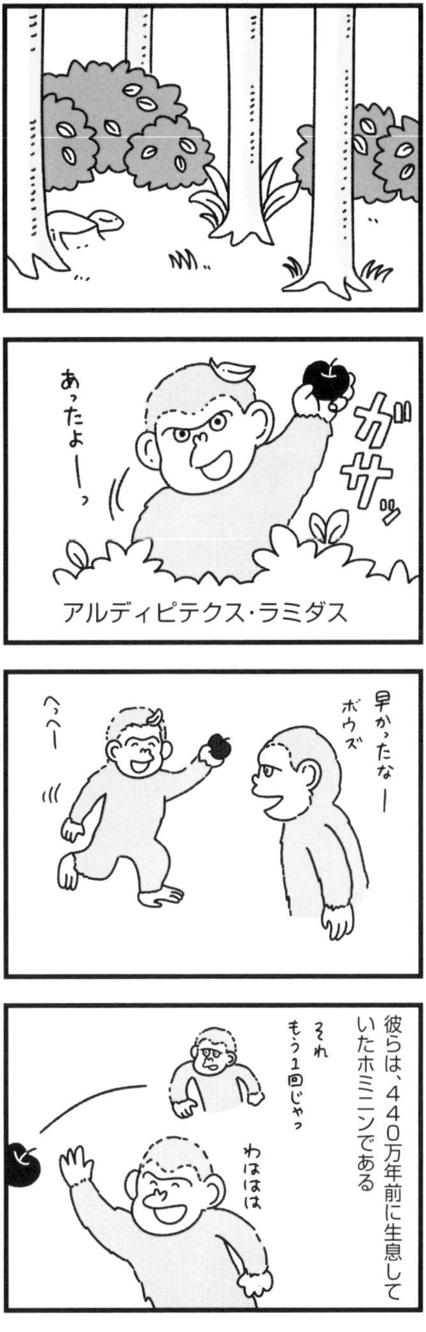

あったよーっ
ガサッ
アルディピテクス・ラミダス
早かったなー ボウズ
へへー
彼らは、440万年前に生息していたホミニンである
それ もう1回じゃっ
わははは

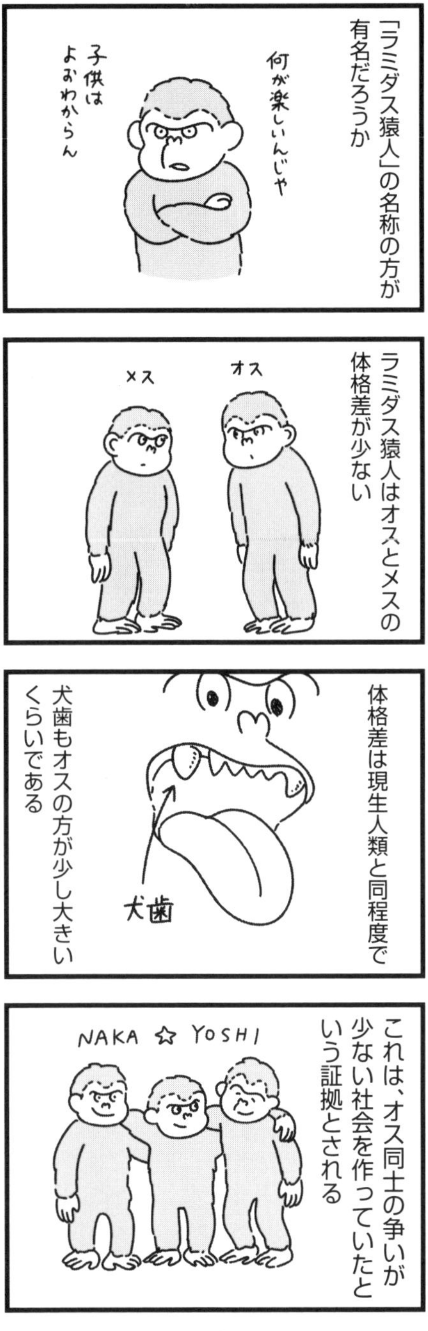

「ラミダス猿人」の名称の方が有名だろうか
何が楽しいんじゃ
子供はよおわからん
ラミダス猿人はオスとメスの体格差が少ない
オス
メス
体格差は現生人類と同程度で
犬歯もオスの方が少し大きいくらいである
犬歯
これは、オス同士の争いが少ない社会を作っていたという証拠とされる
NAKA ☆ YOSHI

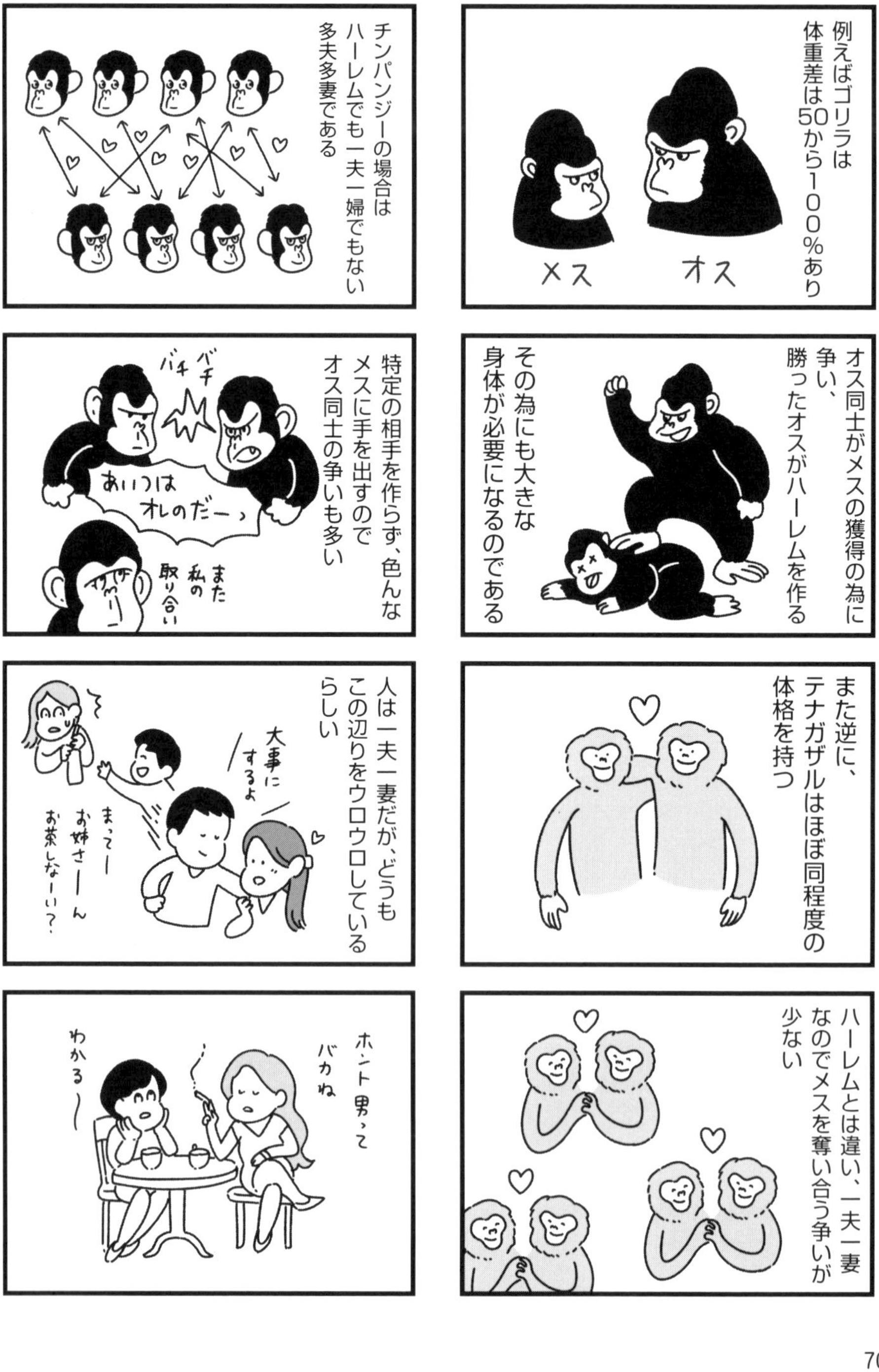

例えばゴリラは
体重差は50から100％あり
オス
メス
オス同士がメスの獲得の為に争い、
勝ったオスがハーレムを作る
その為にも大きな
身体が必要になるのである
また逆に、
テナガザルはほぼ同程度の
体格を持つ
ハーレムとは違い、一夫一妻
なのでメスを奪い合う争いが
少ない
チンパンジーの場合は
ハーレムでも一夫一婦でもない
多夫多妻である
特定の相手を作らず、色んな
メスに手を出すので
オス同士の争いも多い
バチ
バチ
あいつはオレのだー
また私の取り合い
人は一夫一妻だが、どうも
この辺りをウロウロしている
らしい
大事にするよ
まってーお姉さーーん
お茶しなーい？
ホント男って
バカね
わかる〜

タウングチャイルド

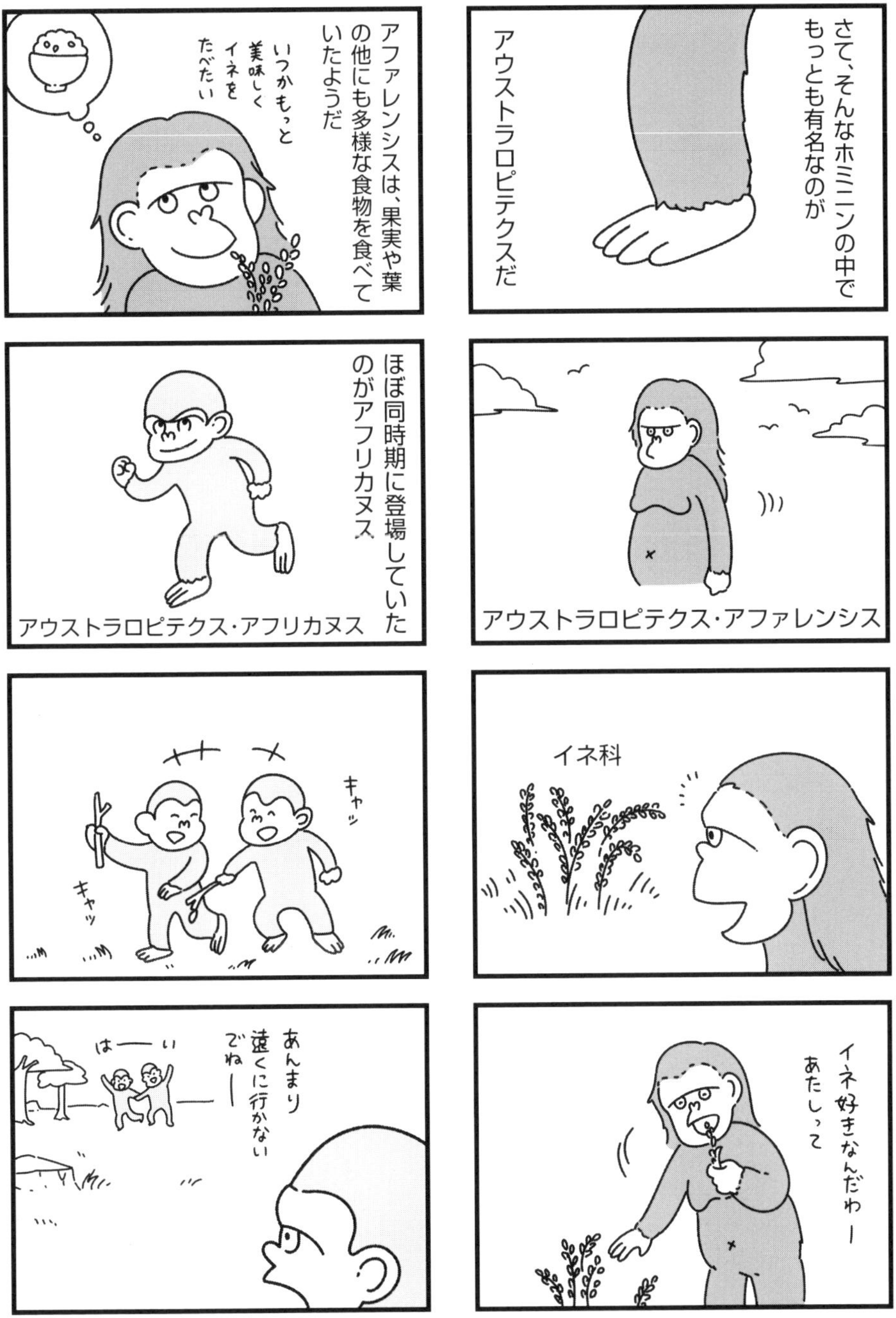

さて、そんなホミニンの中でもっとも有名なのが
アウストラロピテクスだ
アウストラロピテクス・アファレンシス
イネ科
イネ好きなんだわーあたしって
アファレンシスは、果実や葉の他にも多様な食物を食べていたようだ
いつかもっと美味しくイネをたべたい
ほぼ同時期に登場していたのがアフリカヌス
アウストラロピテクス・アフリカヌス
キャッ
キャッ
あんまり遠くに行かないでねー
はーーい

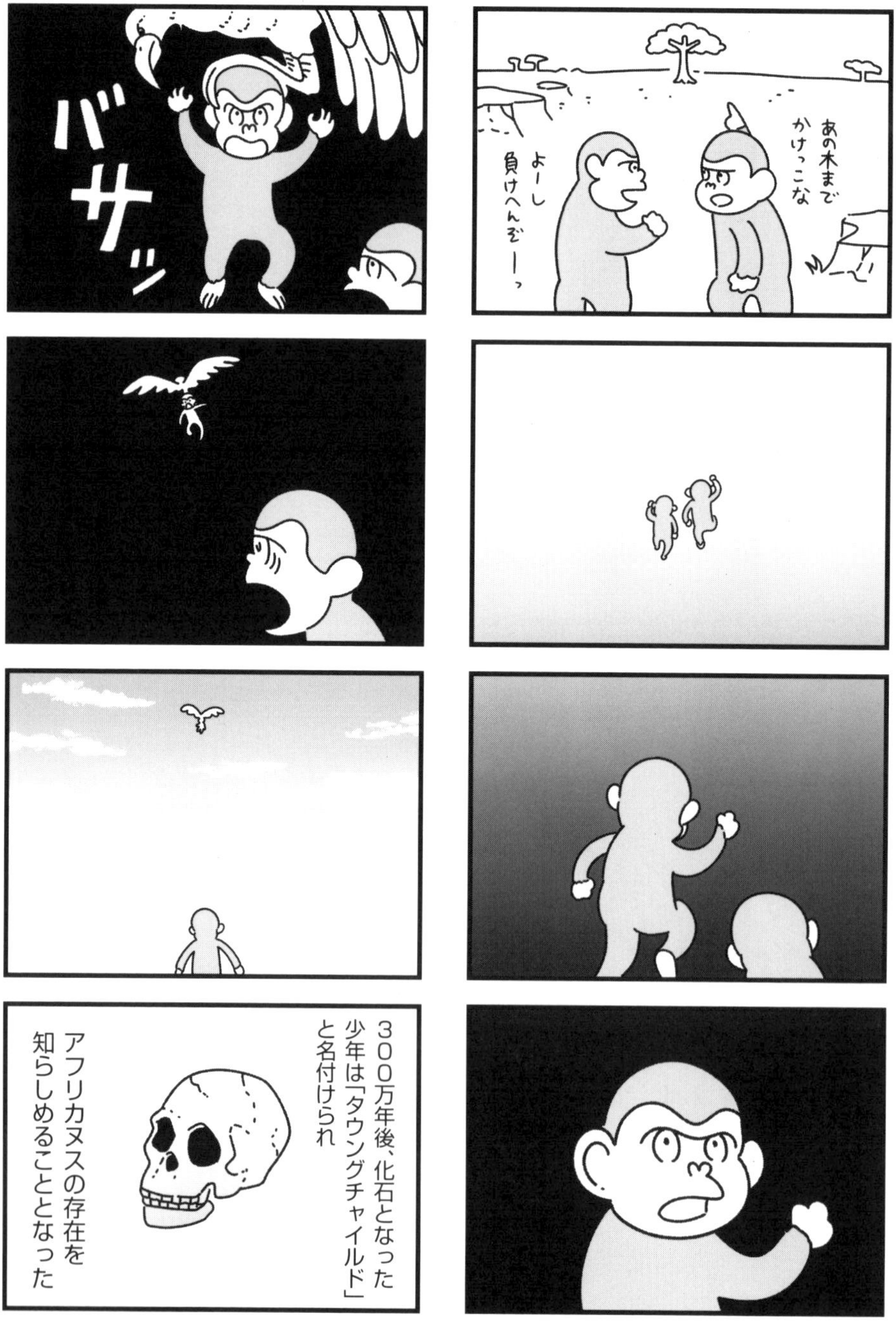
あの木まで
かけっこな
よーし
負けへんぞーーっ
バサッ
300万年後、化石となった
少年は「タウングチャイルド」
と名付けられ
アフリカヌスの存在を
知らしめることとなった

もう一人いる

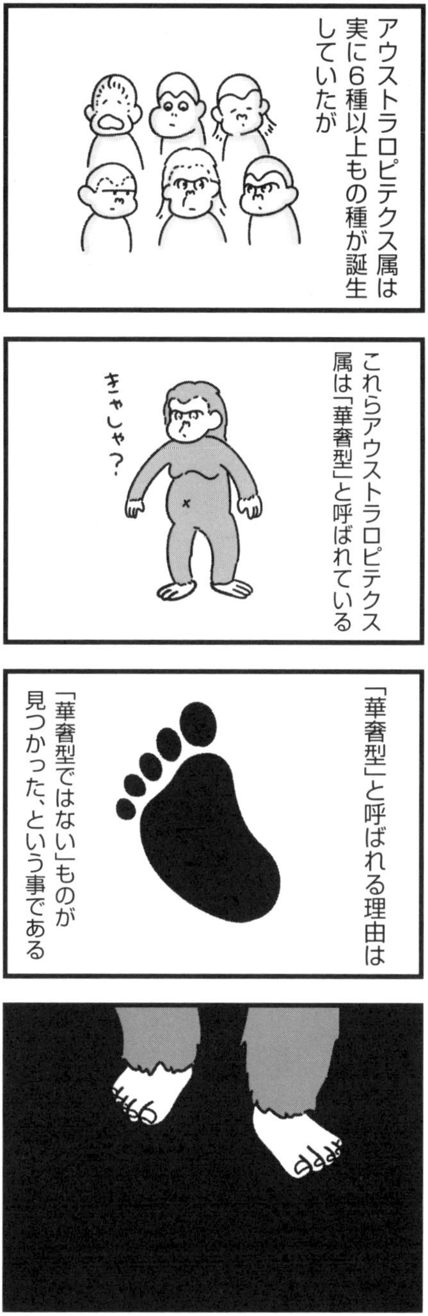
アウストラロピテクス属は
実に6種以上もの種が誕生
していたが
これらアウストラロピテクス
属は「華奢型」と呼ばれている
きゃしゃ？
「華奢型」と呼ばれる理由は
「華奢型ではない」ものが
見つかった、という事である

巨大な者たち

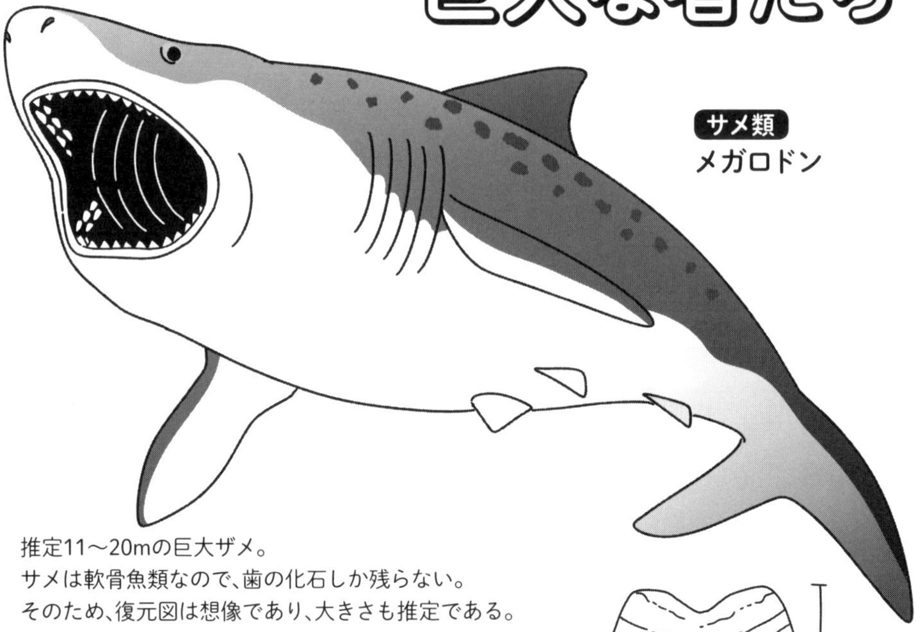

サメ類

メガロドン

推定11〜20mの巨大ザメ。
サメは軟骨魚類なので、歯の化石しか残らない。
そのため、復元図は想像であり、大きさも推定である。

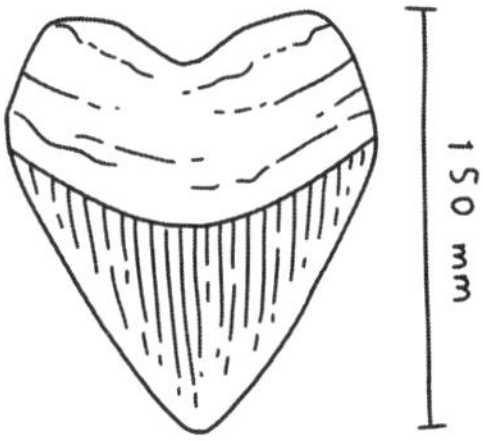

メガロドンの歯

奇蹄類

カリコテリウム

ナックルウォークをする大型哺乳類。
前脚が長く、ウマ類なのにゴリラの様な
歩き方をしていた。

キリンの進化

出典「古第三紀・新第三紀・第四紀の生物下巻」　著:土屋健

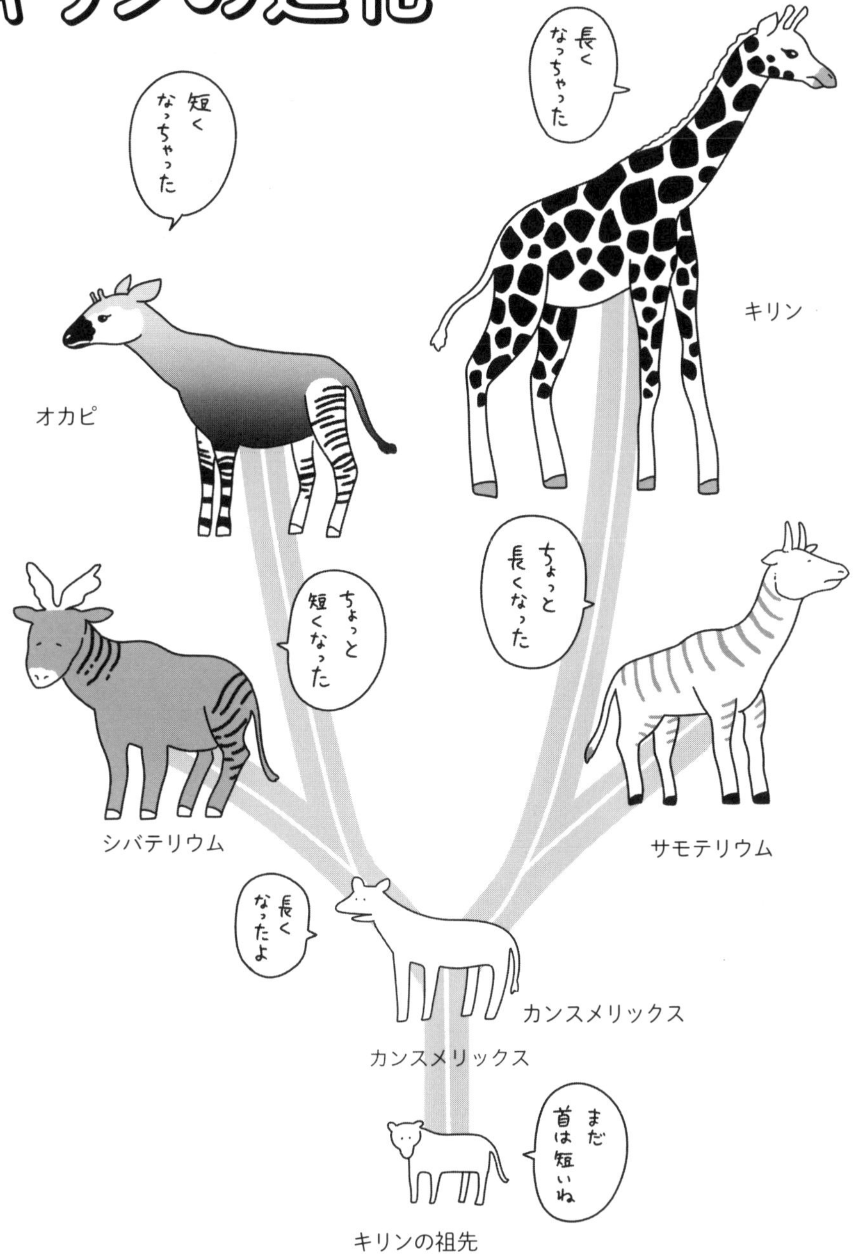

Quaternary period
258万年前から
現在まで

第四紀《だいよんき》

進化の物語はいよいよ最終章。
長すぎる歴史も、このまんがにかかれば
あっという間である。
さて、「ホモ・サピエンス」には
どのようにして近づいていったのだろうか。

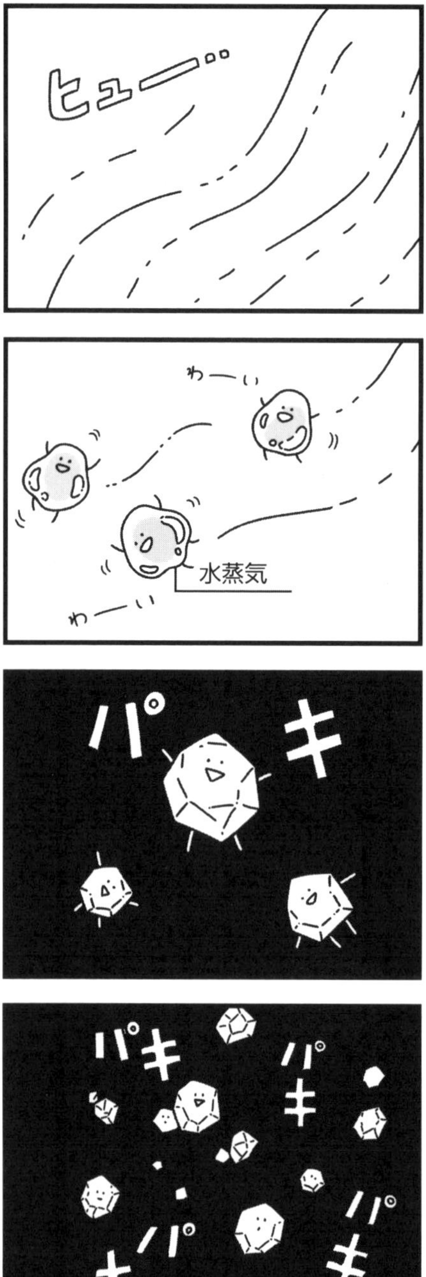

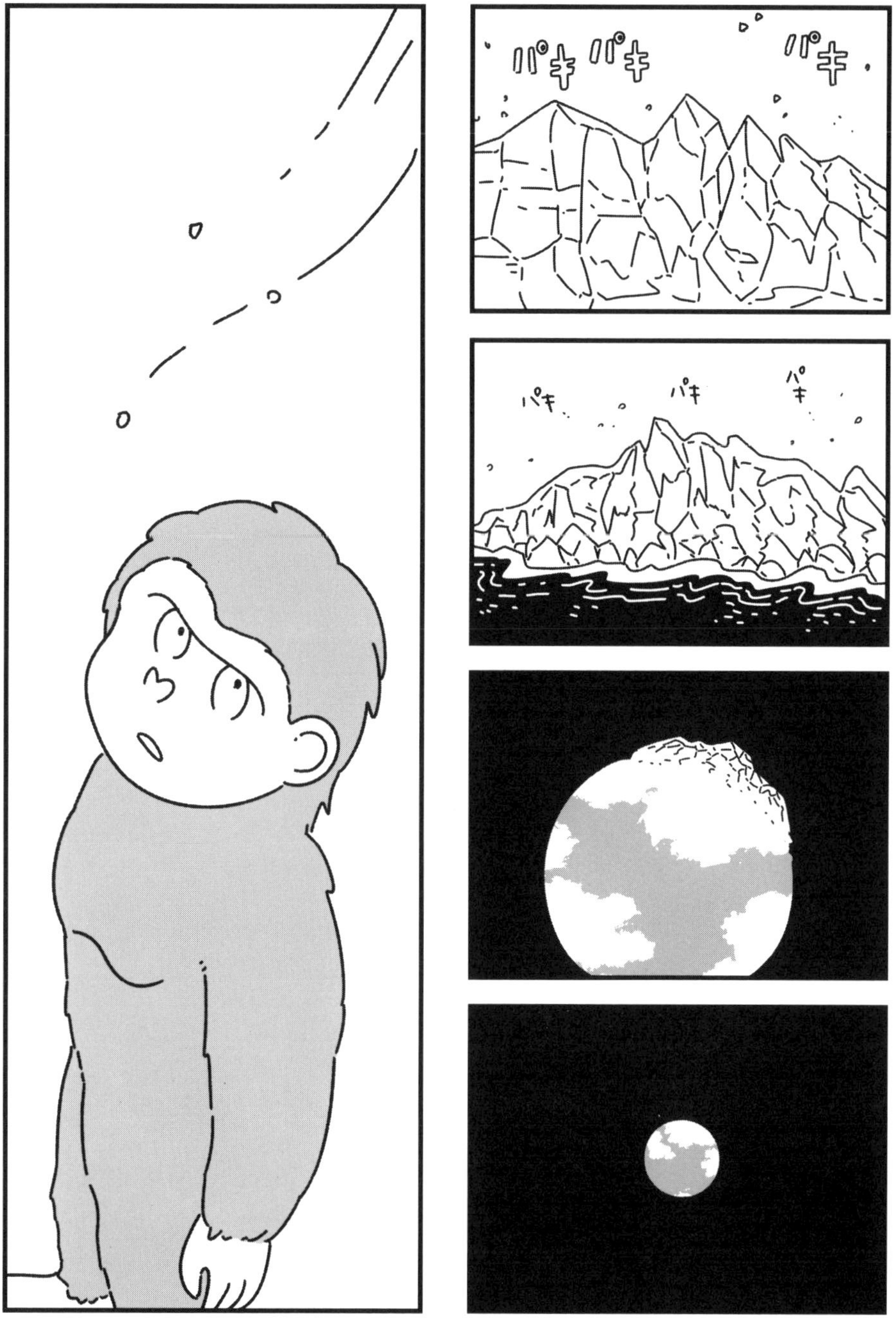
パキ
パキ
パキ
パキ‥
パキ
パキ

っとその前に
トイレ
トイレ
「頑丈型猿人」とも呼ばれる彼らは、「華奢型」と少し違っていた
大丈夫?
うう…
力強い咀嚼力《そしゃくりょく》があり
頭蓋容量《とうがいようりょう》は530c㎥
アウストラロピテクス属より
脳も身体も少し大きい
オスとメスの体格差も大きくメスを巡って争い競走する社会だったと思われる
バキィ
勝った
ハァ
ハァ
パラントロプス属
女は
もらっていくぜ

ネコ

…ふう
スッキリ
ぐるる…
ギャッ
ズル…
ズル…
ズル…
ミィー
ミィー
ミー
たんとお食べ
ゲプッ
サーベルタイガー
犬歯が発達したネコ類の総称である

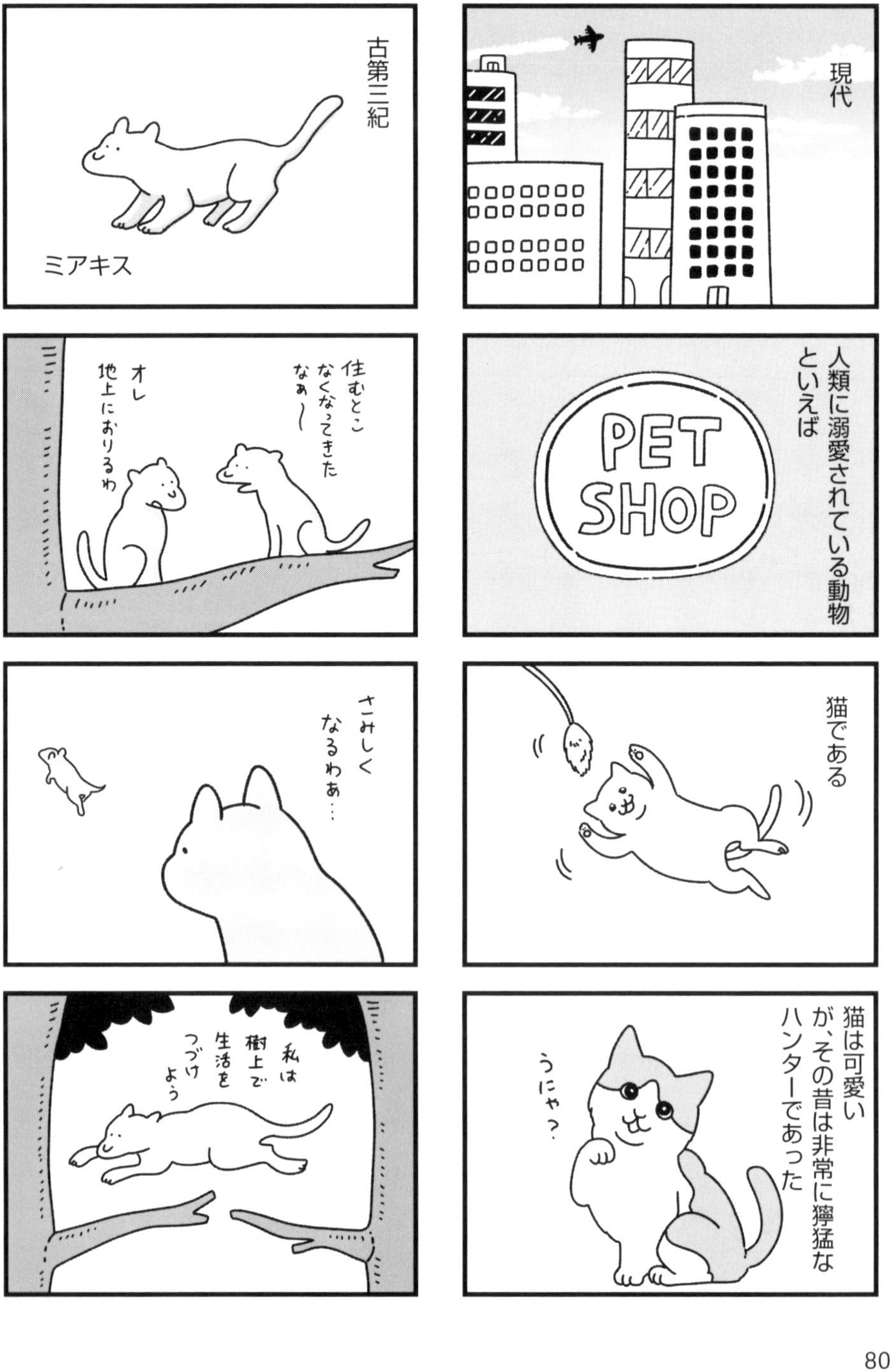
現代
人類に溺愛されている動物といえば
PET SHOP
猫である
猫は可愛い
が、その昔は非常に獰猛なハンターであった
うにゃ?
古第三紀
ミアキス
住むとこなくなってきたなぁ〜
オレ地上におりるわ
さみしくなるわぁ…
私は樹上で生活をつづけよう

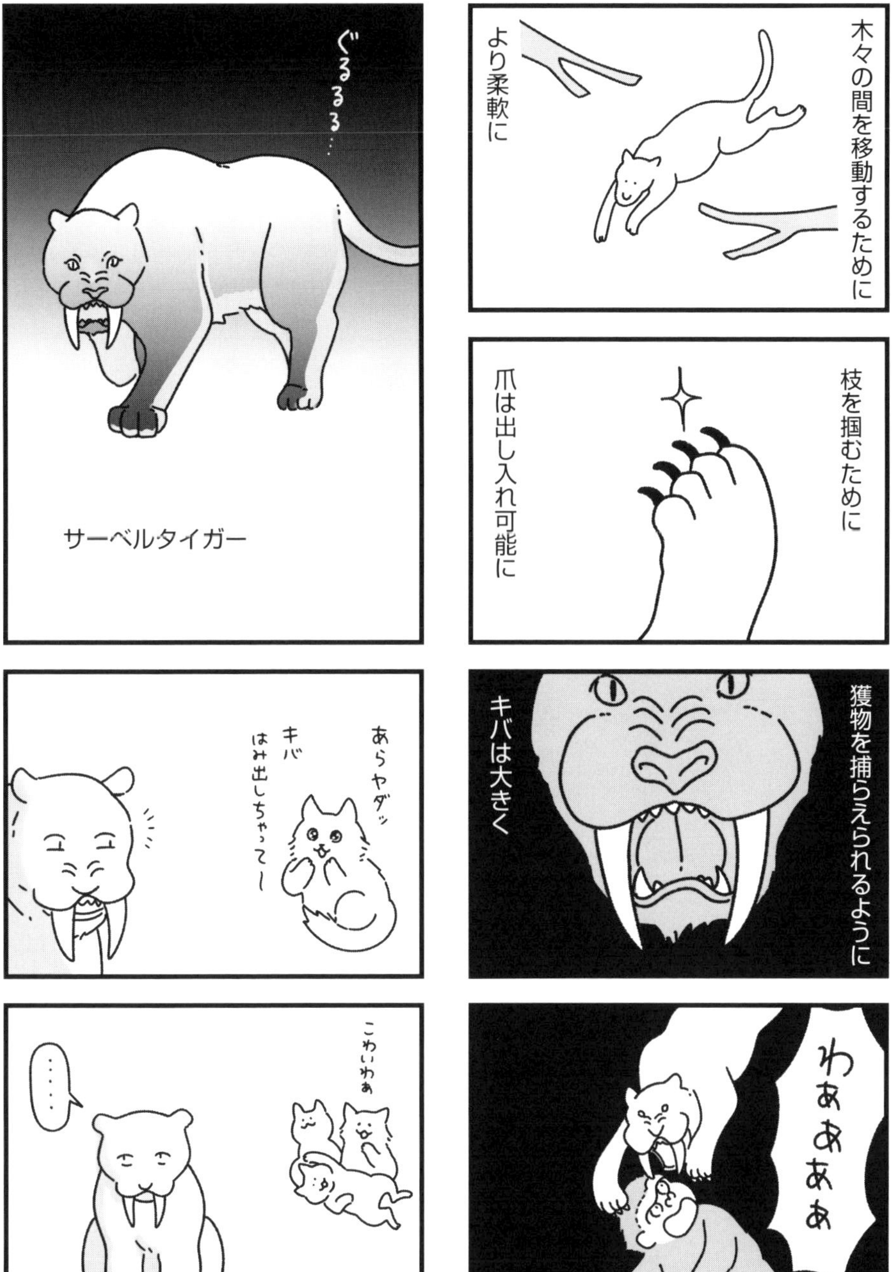
木々の間を移動するために
より柔軟に
枝を掴むために
爪は出し入れ可能に
獲物を捕らえられるように
キバは大きく
わぁぁぁぁ
ぐるるる…
サーベルタイガー
あらヤダッ
キバ
はみ出しちゃってー
……
こわいわぁ

ホモ属

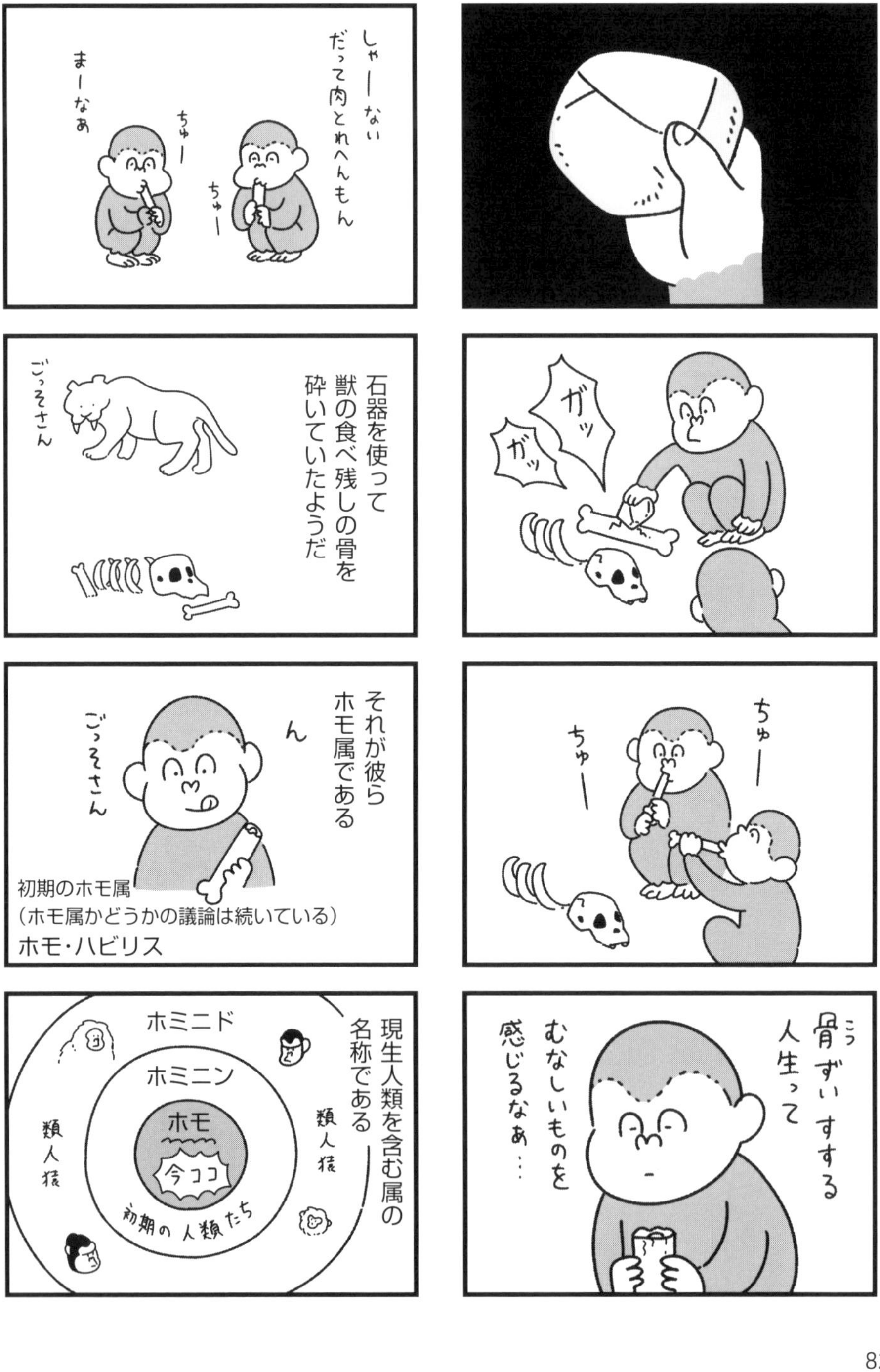

ガッ
ガッ
ちゅー
ちゅー
骨《こっ》ずいすする人生って
むなしいものを感じるなあ…
しゃーない
だって肉とれへんもん
ちゅー
ちゅー
まーなあ
石器を使って獣の食べ残しの骨を砕いていたようだ
ごっそさん
それが彼らホモ属である
ん
ごっそさん
初期のホモ属
（ホモ属かどうかの議論は続いている）
ホモ・ハビリス
現生人類を含む属の名称である
ホミニド
ホミニン
ホモ
今ココ
初期の人類たち
類人猿
類人猿

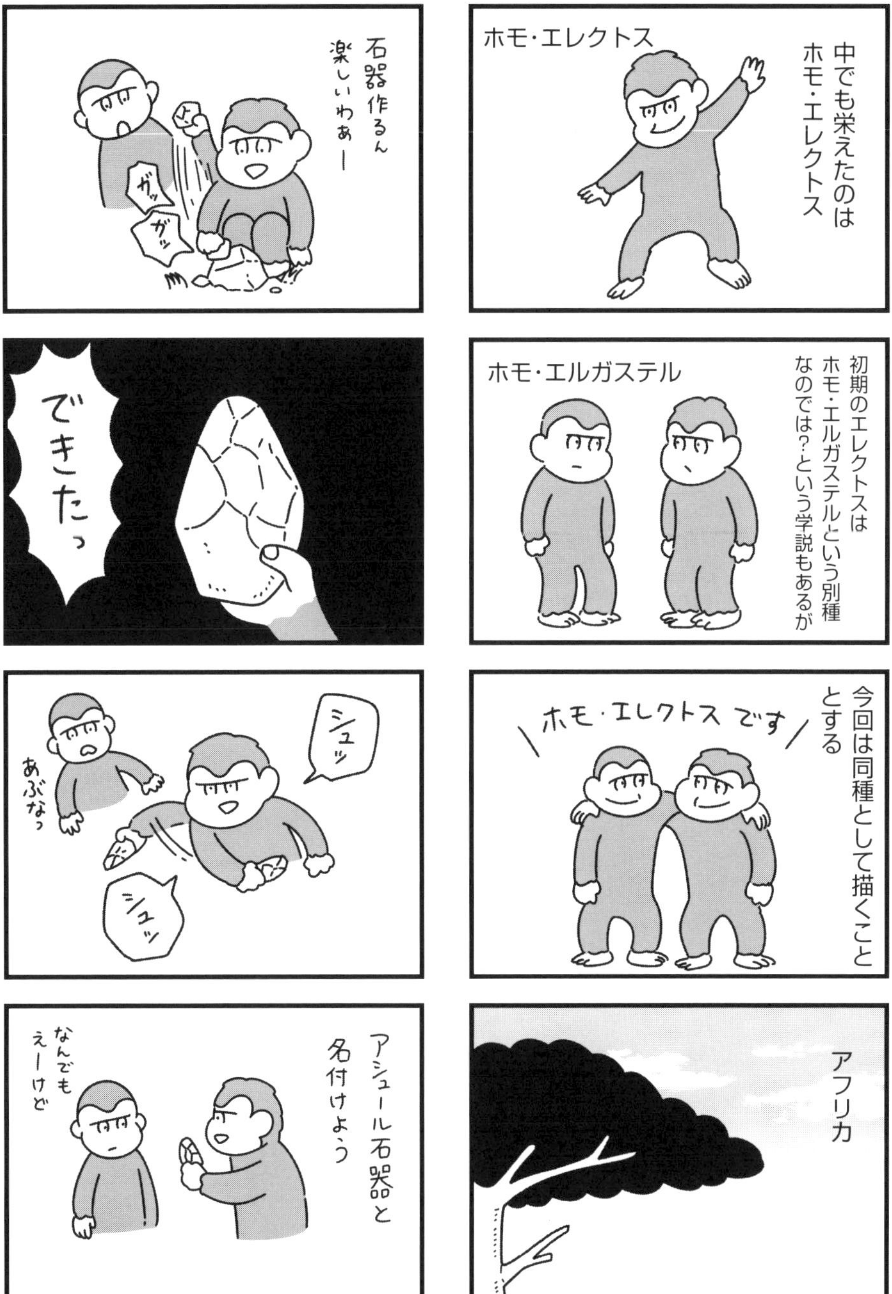
中でも栄えたのは
ホモ・エレクトス
ホモ・エレクトス
初期のエレクトスは
ホモ・エルガステルという別種
なのでは?という学説もあるが
ホモ・エルガステル
今回は同種として描くこと
とする
ホモ・エレクトス です
アフリカ
石器作るん
楽しいわぁー
ガッ
ガッ
できたっ
シュッ
あぶなっ
シュッ
アシュール石器と
名付けよう
なんでも
えーけど

石器が使われていたのは
250万年ほど前からだが
モード1
オルドワン型
石器
アウストラロピテクス
より洗練された石器を
「アシュール型石器」と呼ぶ
モード2
アシュール型
石器
ホモ・エレクトス
これで色んなもん
切りまくったん
ねんっ
血の気が多いなあ〜
出現から数万年で、エレクトス
はアフリカ全土を席巻
ドカ
ギャッ
こんなんじゃ
ハラのたしにも
ならんなあ…
ぶん
ぶん
ポーン
あっ

ジュッ
あーっ
昨日のカミナリで燃えとるんかーっ
運わるいのぅ
ふーっ
ふーっ
ああ〜…
食べれるんかコレ…
パクッ
なんじゃこの
香ばしさは…っ

ホモ・エレクトス

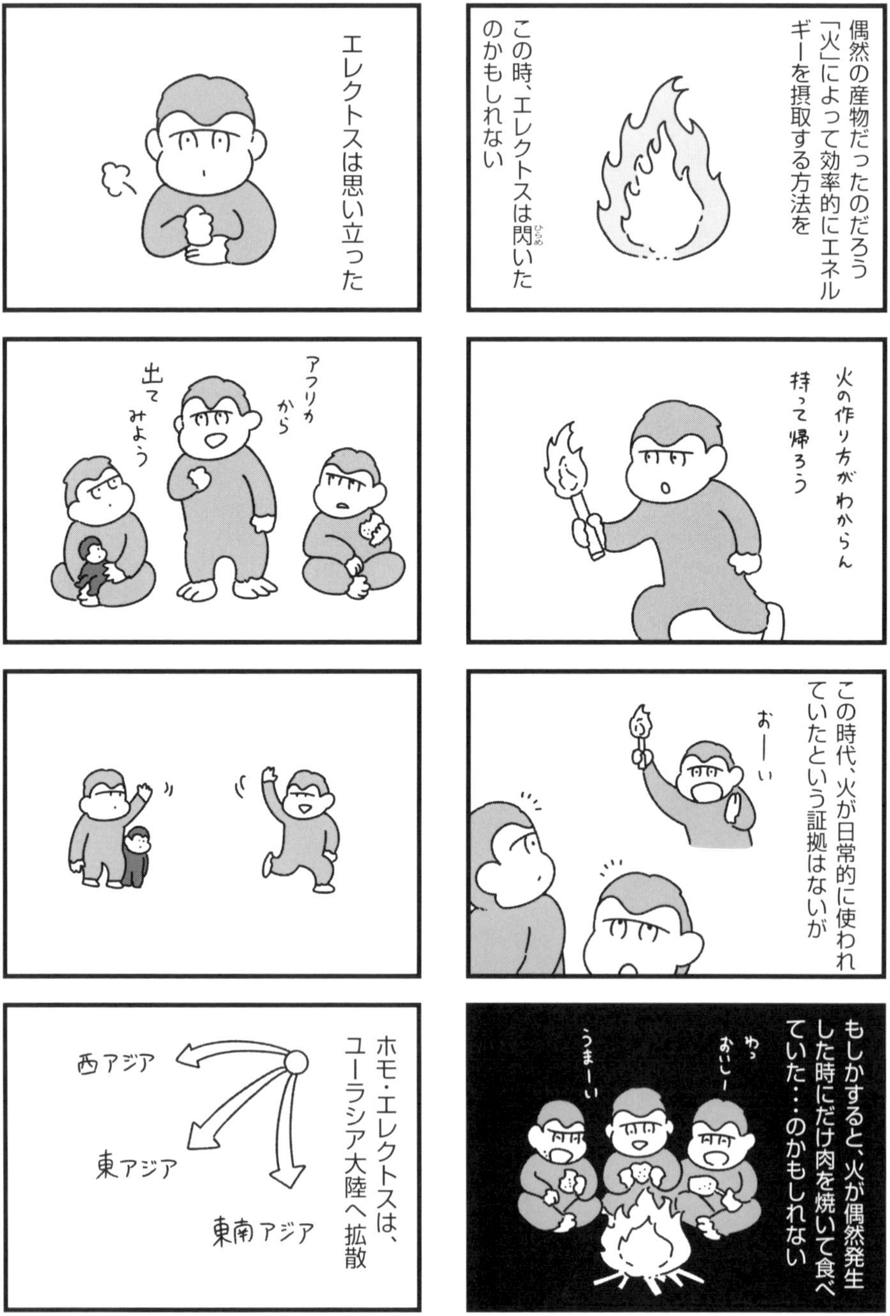
偶然の産物だったのだろう「火」によって効率的にエネルギーを摂取する方法を
この時、エレクトスは閃《ひらめ》いたのかもしれない
火の作り方がわからん
持って帰ろう
この時代、火が日常的に使われていたという証拠はないが
おーーい
もしかすると、火が偶然発生した時にだけ肉を焼いて食べていた…のかもしれない
わっ おいしー
うまーい
エレクトスは思い立った
アフリカから
出てみよう
ホモ・エレクトスは、ユーラシア大陸へ拡散
西アジア
東アジア
東南アジア

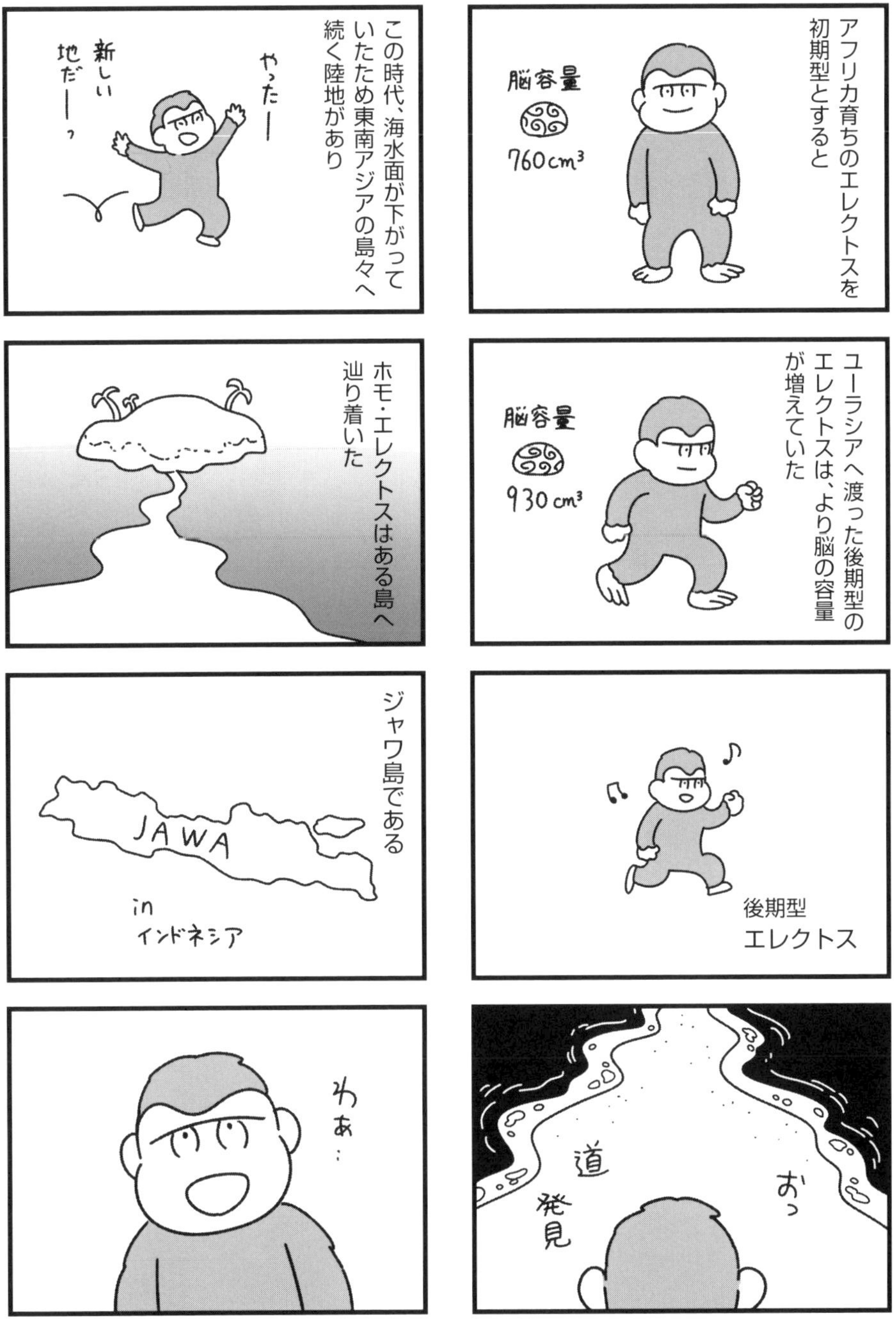

アフリカ育ちのエレクトスを
初期型とすると
脳容量
760cm^3
ユーラシアへ渡った後期型の
エレクトスは、より脳の容量
が増えていた
脳容量
930cm^3
後期型
エレクトス
おっ
道発見
この時代、海水面が下がって
いたため東南アジアの島々へ
続く陸地があり
やったー
新しい地だーーっ
ホモ・エレクトスはある島へ
辿り着いた
ジャワ島である
JAWA
in
インドネシア
わあ…

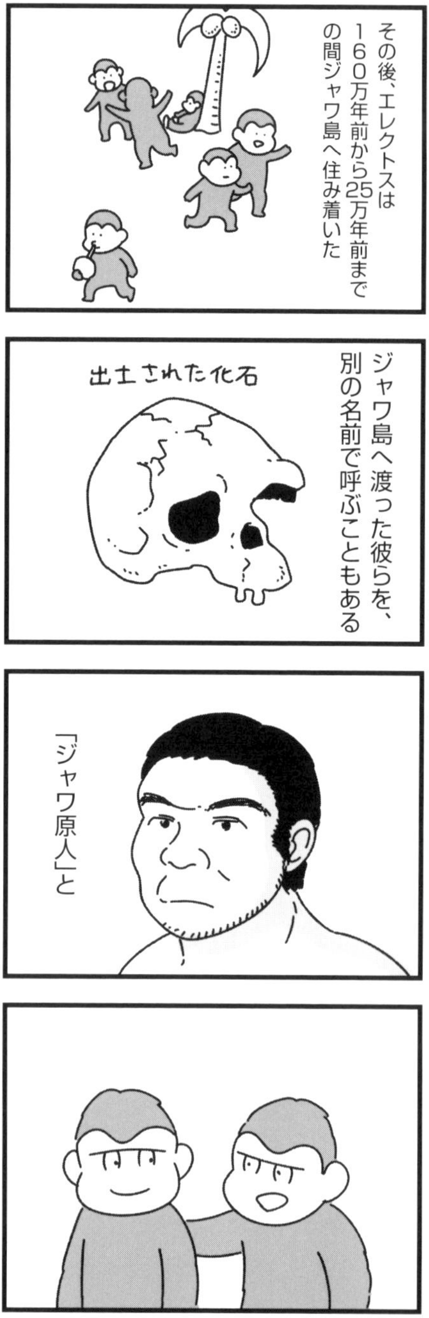
その後、エレクトスは160万年前から25万年前までの間ジャワ島へ住み着いた
ジャワ島へ渡った彼らを、別の名前で呼ぶこともある
出土された化石
「ジャワ原人」と

旧人

アフリカ
アフリカに残ったホモ・エレクトス
よーしよし
おー
ズンッ

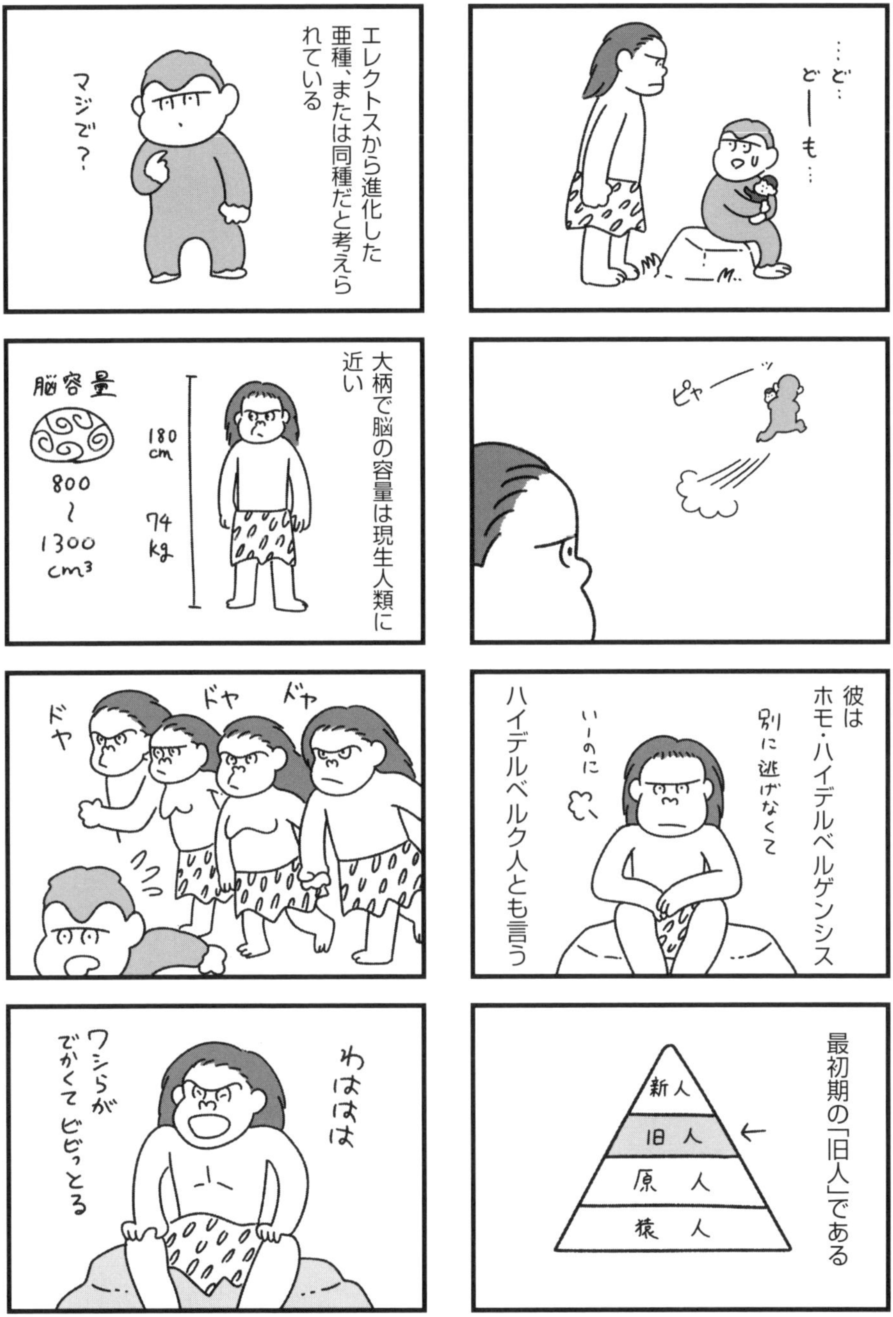
…ど…
どーーも…
ピャーーッ
彼は
ホモ・ハイデルベルゲンシス
別に逃げなくて
いーのに
ハイデルベルク人とも言う
最初期の「旧人」である
新人
旧人
原人
猿人
エレクトスから進化した
亜種、または同種だと考えら
れている
マジで？
大柄で脳の容量は現生人類に
近い
180cm
74kg
脳容量
800〜1300cm3
ドヤ
ドヤ
ドヤ
わははは
ワシらが
でかくてビビっとる

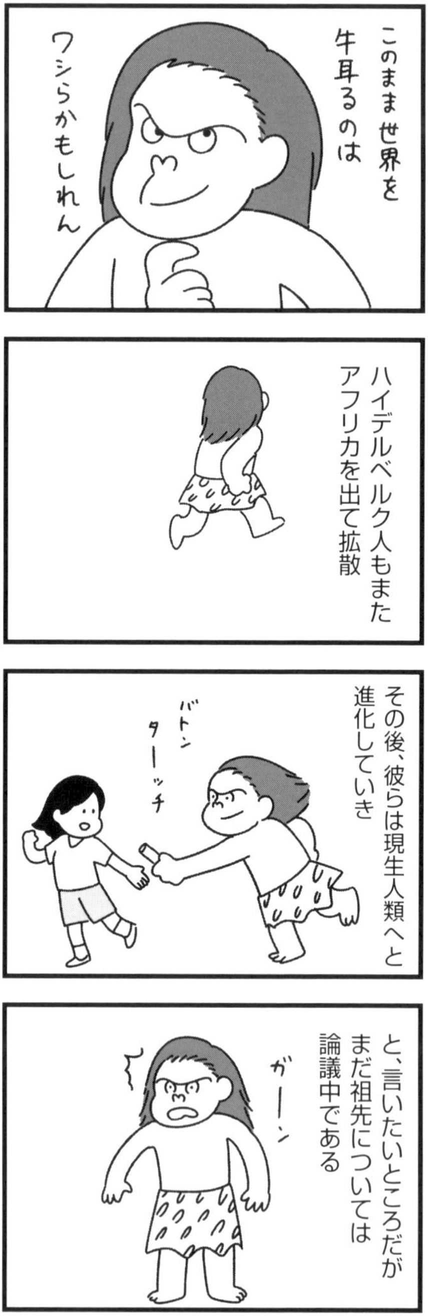
このまま世界を
牛耳るのは
ワシらかもしれん
ハイデルベルク人もまた
アフリカを出て拡散
その後、彼らは現生人類へと
進化していき
バトン
ターッチ
と、言いたいところだが
まだ祖先については
論議中である
ガーン

オレがネアンデルタール人と
ホモ・サピエンスの共通祖先で
ありますように

怠けるやつ

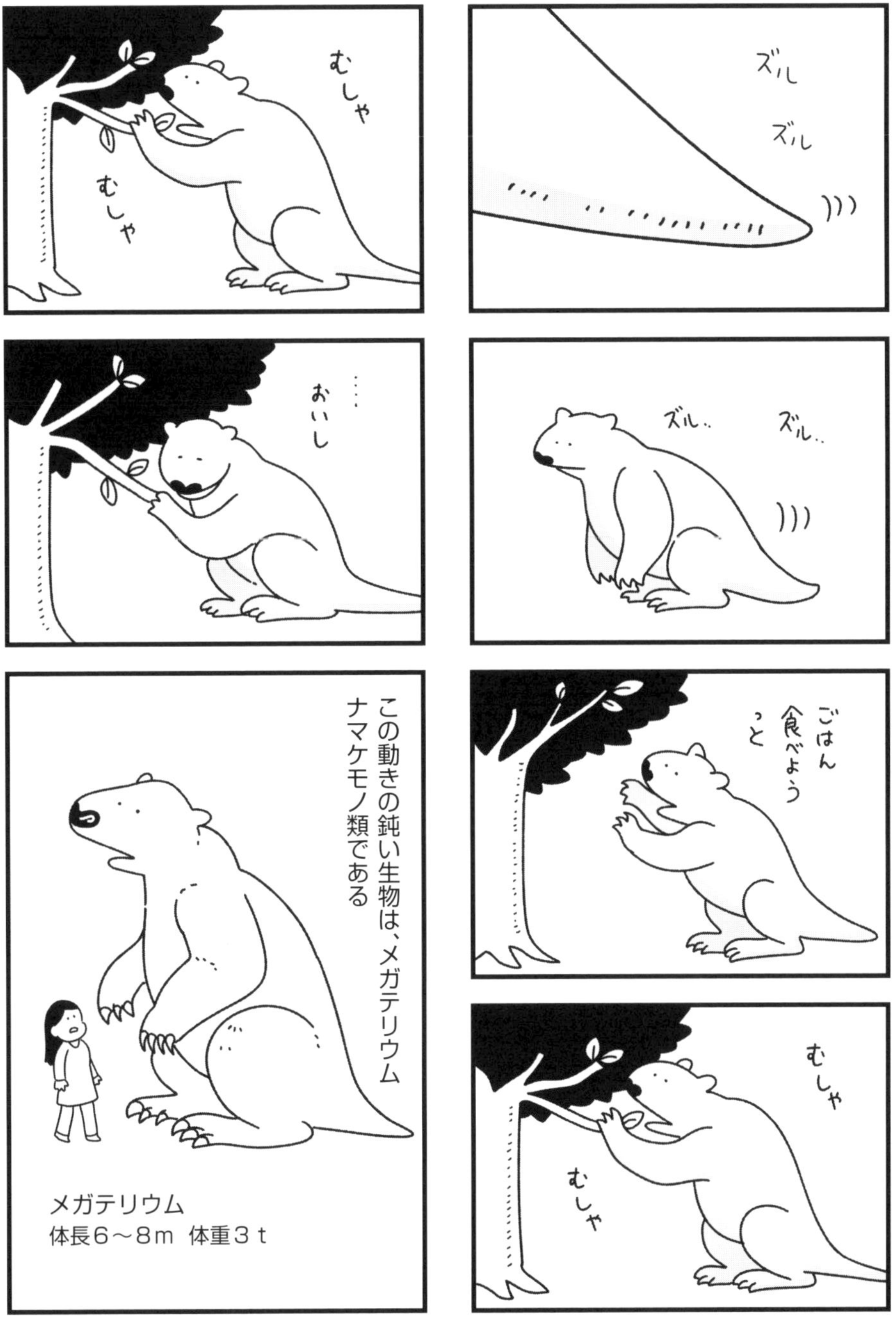
ズル
ズル
ズル‥
ズル‥
ごはん食べようっと
むしゃ
むしゃ
むしゃ
むしゃ
……おいし
この動きの鈍い生物は、メガテリウムナマケモノ類である
メガテリウム
体長６〜８ｍ　体重３ｔ

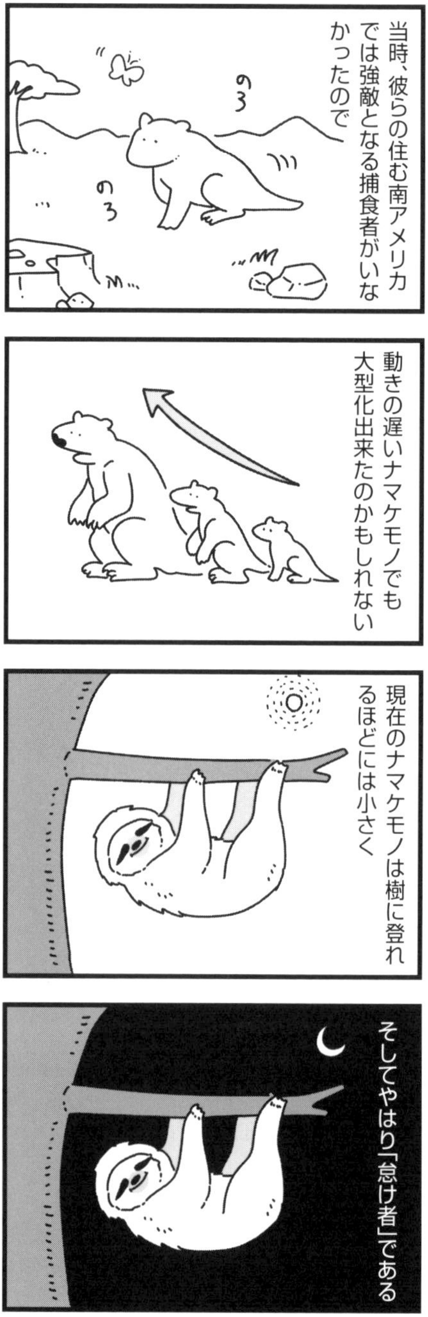
当時、彼らの住む南アメリカでは強敵となる捕食者がいなかったので
のろ
のろ
動きの遅いナマケモノでも大型化出来たのかもしれない
現在のナマケモノは樹に登れるほどには小さく
そしてやはり「怠け者」である

イヌvsネコ

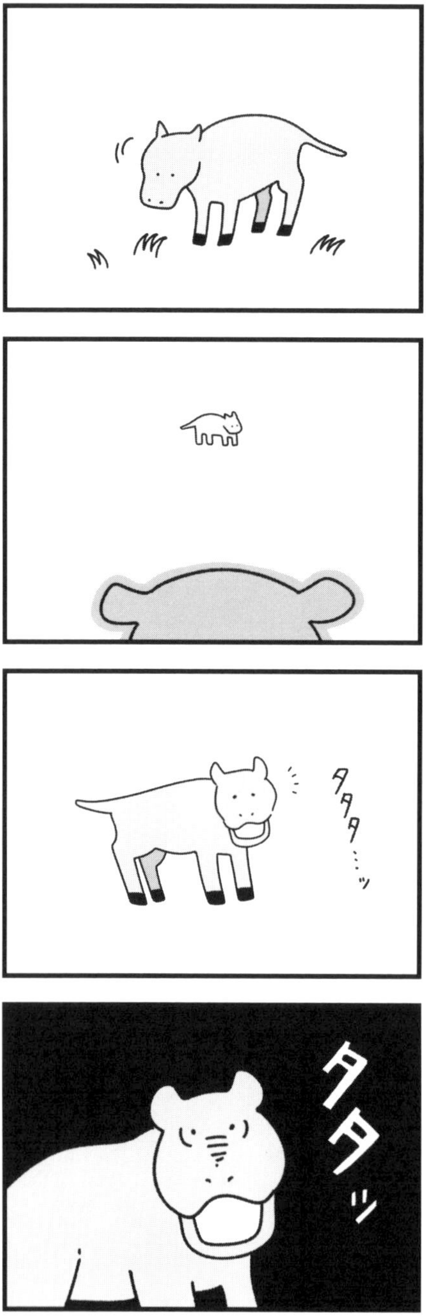
タタタ…ッ
タタッ

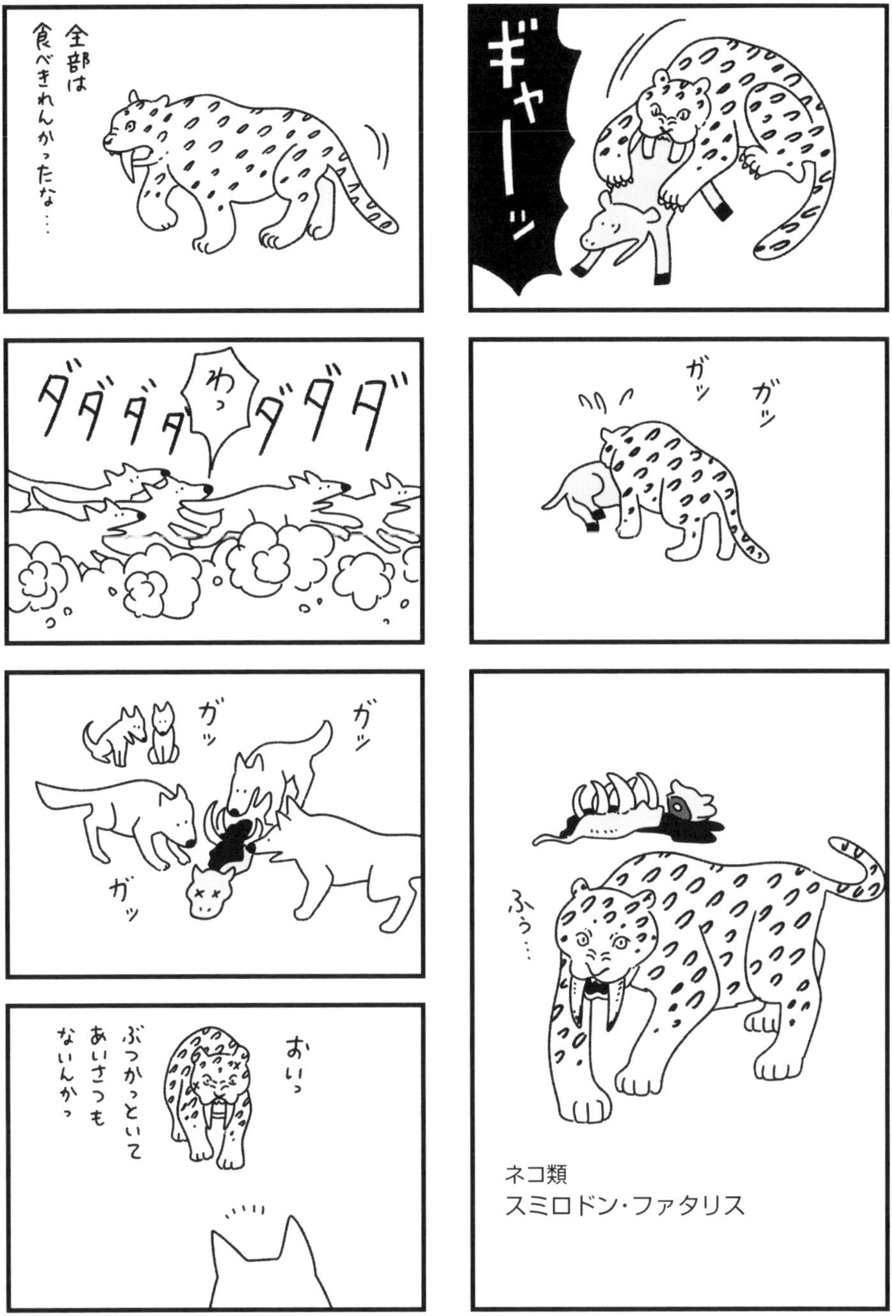
ギャーッ
ガッ
ガッ
ふぅ…
ネコ類
スミロドン・ファタリス
全部は食べきれんかったな…
ダダダダ
わっ
ダダダ
ガッ
ガッ
ガッ
おいっ
ぶつかっといてあいさつもないんかっ

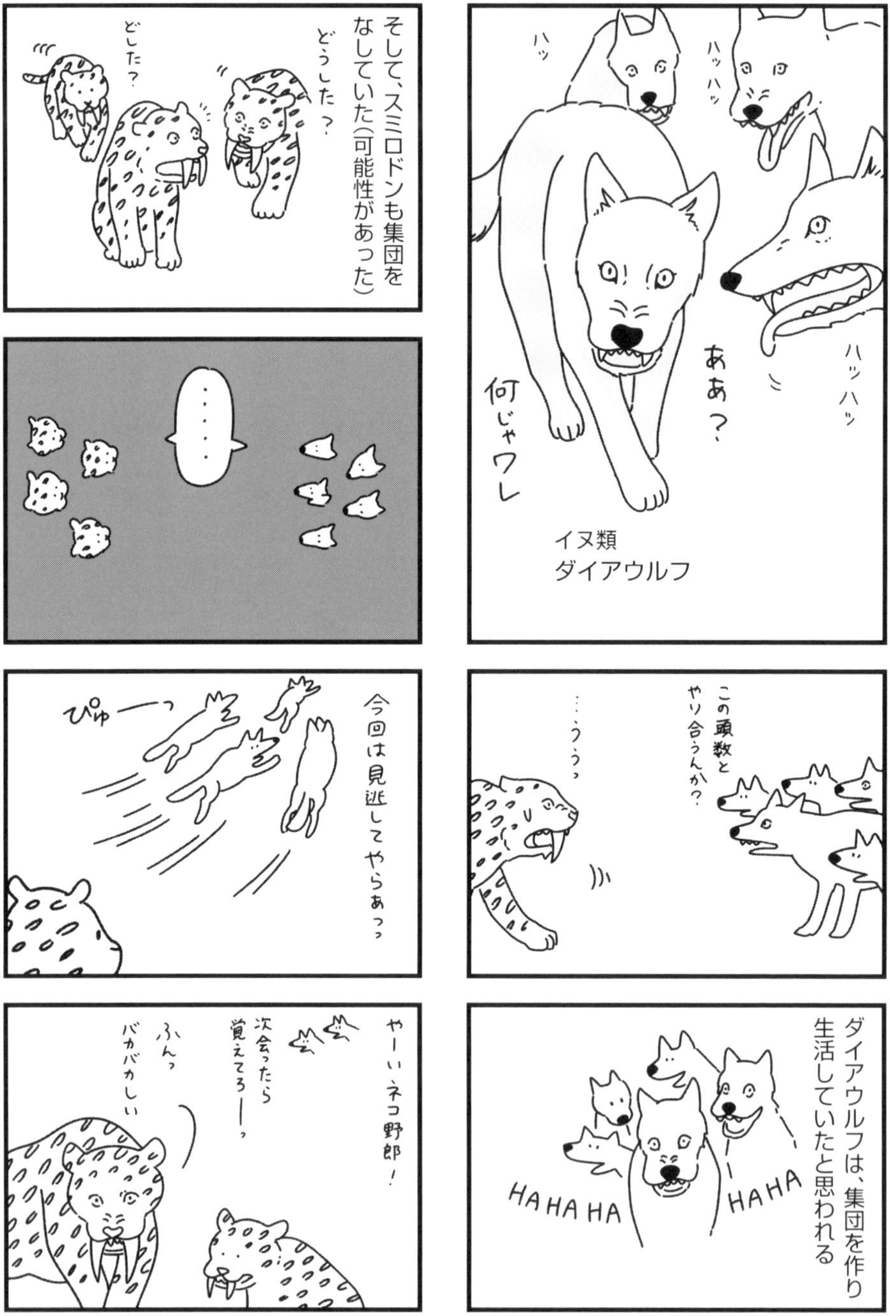
ハッ
ハッハッ
ハッハッ
ああ?
何じゃワレ
イヌ類
ダイアウルフ
この頭数とやり合うんか?
…うぅっ
ダイアウルフは、集団を作り生活していたと思われる
HA HA HA
HA HA
そして、スミロドンも集団をなしていた(可能性があった)
どうした?
どした?
……
ぴゅーーっ
今回は見逃してやらあっっ
やーい ネコ野郎!
次会ったら覚えてろーーっ
ふんっ バカバカしい

ずんぐりむっくり

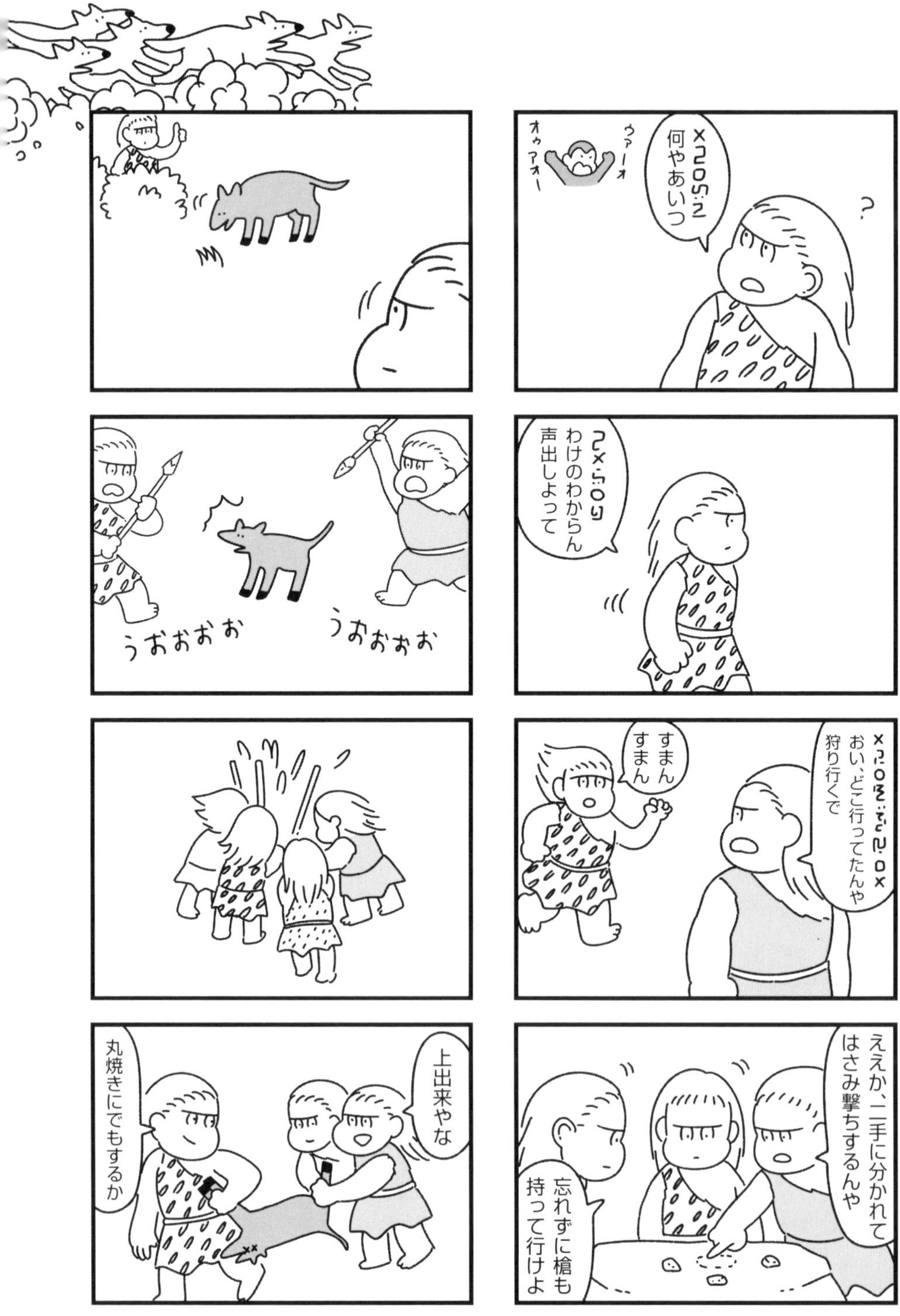
ウァーオ
オゥアオー
何やあいつ
わけのわからん声出しよって
うおおおお
うおおおお
おい、どこ行ってたんや 狩り行くで
すまん すまん
ええか、二手に分かれて はさみ撃ちするんや
忘れずに槍も持って行けよ
上出来やな
丸焼きにでもするか

おーい
メシにするぞ
カッ カッ
女たちで集めた
木の実もあるから
一緒に食べよう
パチ
パチ

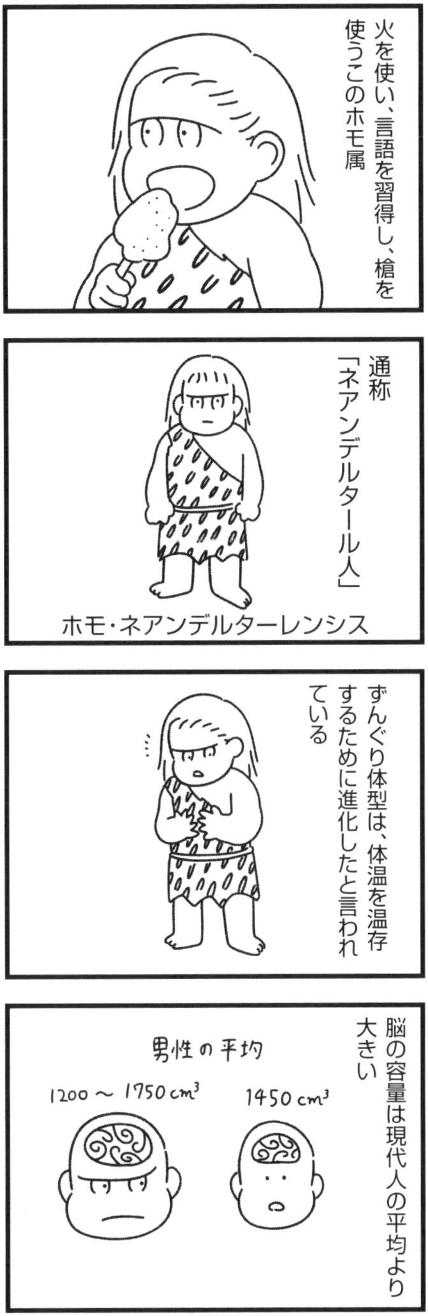
火を使い、言語を習得し、槍を
使うこのホモ属
通称
「ネアンデルタール人」
ホモ・ネアンデルターレンシス
ずんぐり体型は、体温を温存
するために進化したと言われ
ている
脳の容量は現代人の平均より
大きい
男性の平均
1200～1750cm³
1450cm³

料理

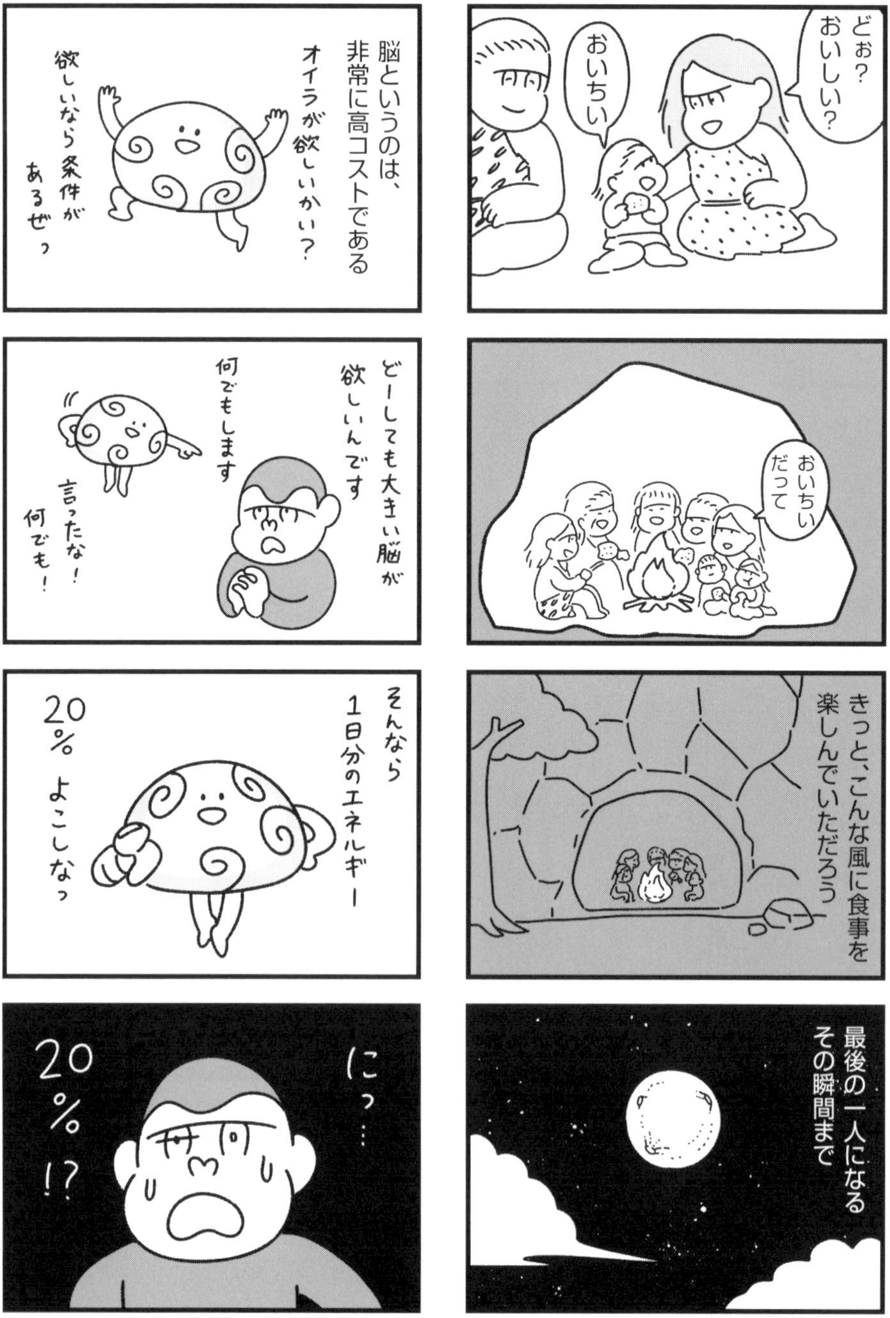
脳というのは、非常に高コストである
オイラが欲しいかい？
欲しいなら条件があるぜっ
どーしても大きい脳が欲しいんです
何でもします
言ったな！
何でも！
そんなら1日分のエネルギー
20％よこしなっ
20％!?
にっ…
どぉ？おいしい？
おいちい
おいちいだって
きっと、こんな風に食事を楽しんでいただろう
最後の一人になるその瞬間まで

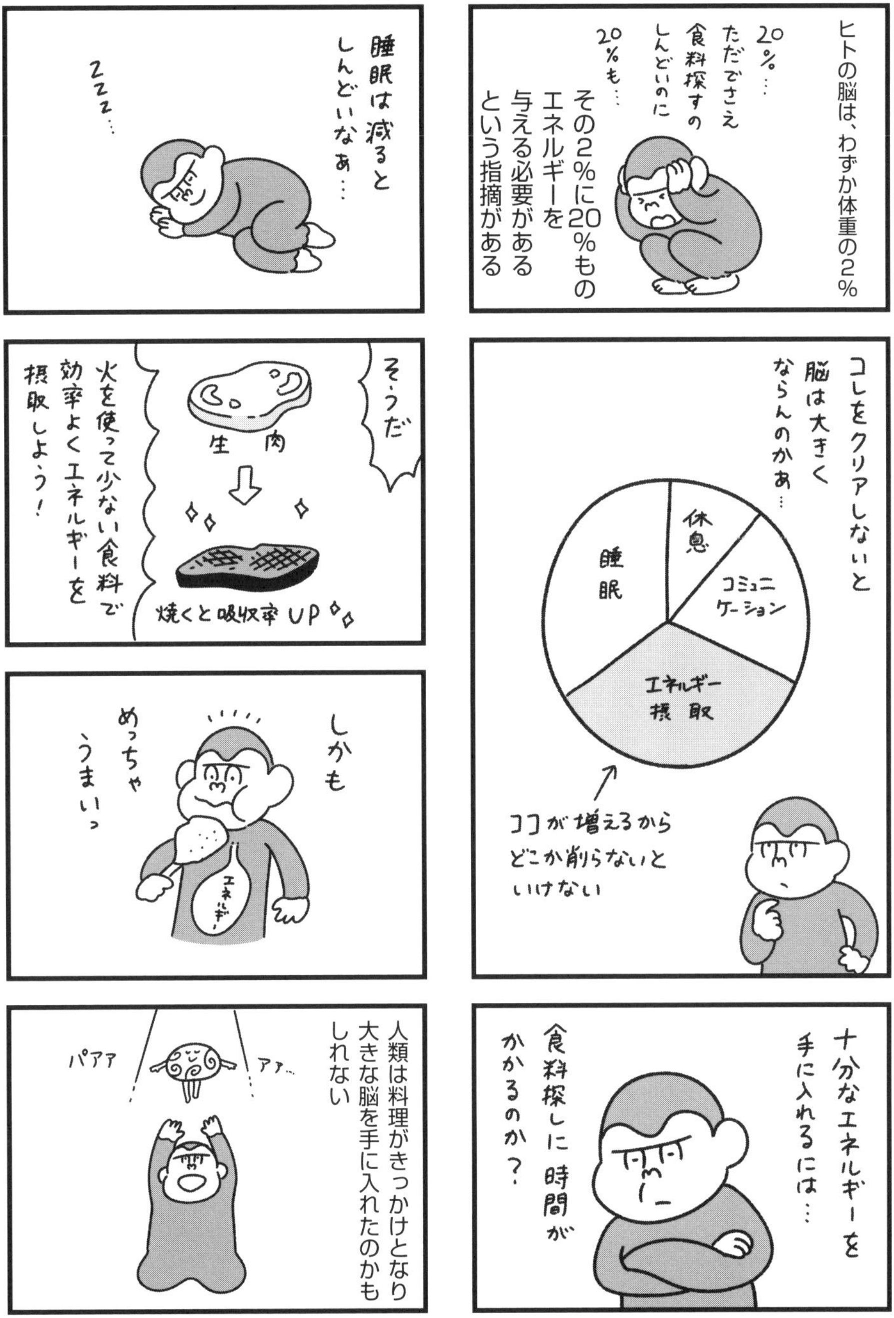
ヒトの脳は、わずか体重の2％
20％…
ただでさえ食料探すのしんどいのに
20％も…
その2％に20％ものエネルギーを与える必要があるという指摘がある
コレをクリアしないと脳は大きくならんのかあ…
休息
コミュニケーション
睡眠
エネルギー摂取
ココが増えるからどこか削らないといけない
十分なエネルギーを手に入れるには…
食料探しに時間がかかるのか？
睡眠は減るとしんどいなあ…
zzz…
そうだ
生肉
焼くと吸収率UP
火を使って少ない食料で効率よくエネルギーを摂取しよう！
しかも
めっちゃうまいっ
エネルギー
人類は料理がきっかけとなり大きな脳を手に入れたのかもしれない
パアア
アア…

ホビット

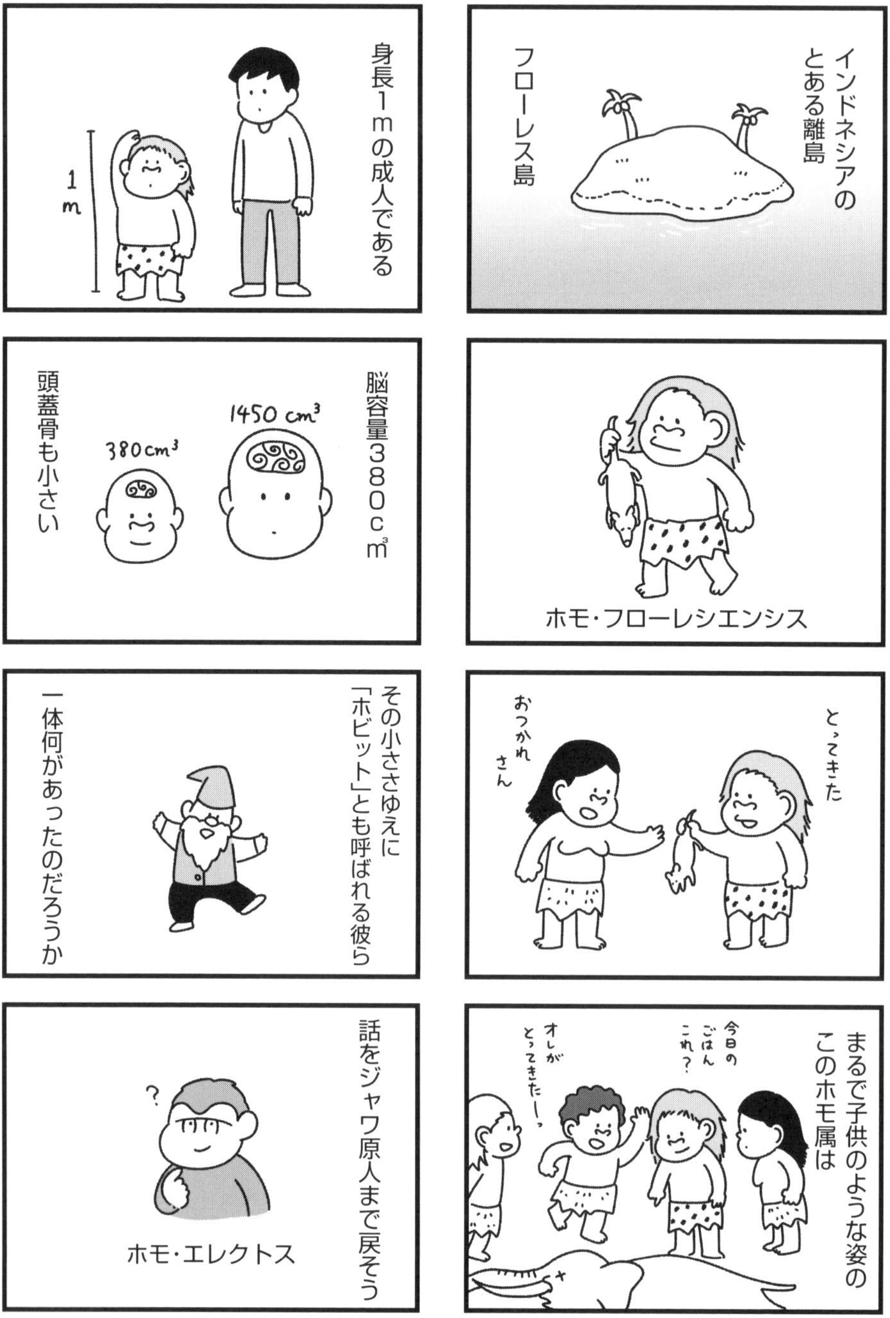
インドネシアのとある離島
フローレス島
ホモ・フローレシエンシス
とってきた
おつかれさん
まるで子供のようなこのホモ属は
今日のごはんこれ？
オレがとってきたー！
身長1mの成人である
1m
脳容量380cm^3
1450 cm^3
380cm^3
頭蓋骨も小さい
その小ささゆえに「ホビット」とも呼ばれる彼ら
一体何があったのだろうか
話をジャワ原人まで戻そう
?
ホモ・エレクトス

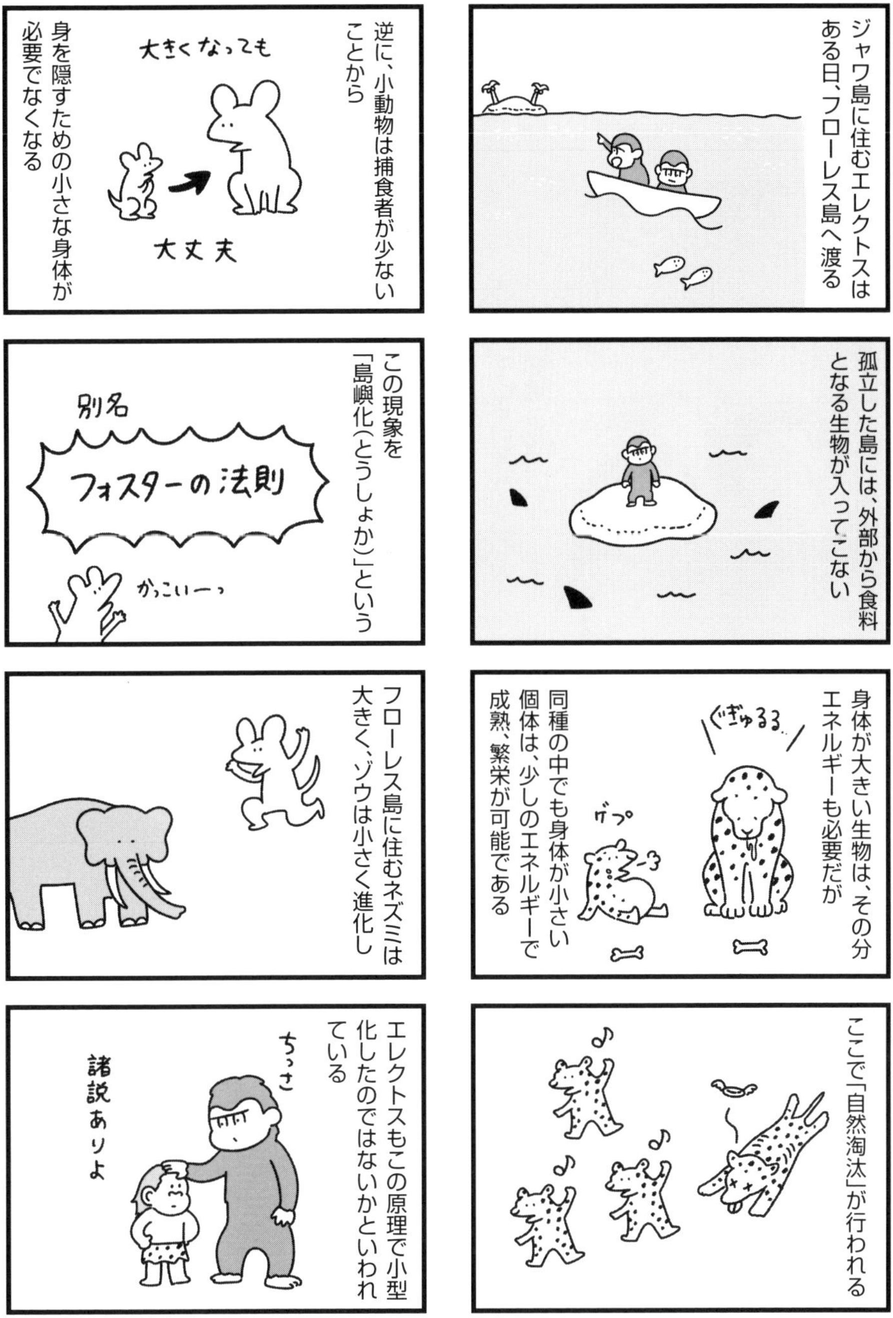
ジャワ島に住むエレクトスは
ある日、フローレス島へ渡る
孤立した島には、外部から食料
となる生物が入ってこない
身体が大きい生物は、その分
エネルギーも必要だが
ぐぎゅるる…
同種の中でも身体が小さい
個体は、少しのエネルギーで
成熟、繁栄が可能である
ゲプ
ここで「自然淘汰」が行われる
逆に、小動物は捕食者が少ない
ことから
大きくなっても
大丈夫
身を隠すための小さな身体が
必要でなくなる
この現象を
「島嶼化（とうしょか）」という
別名
フォスターの法則
かっこいいーっ
フローレス島に住むネズミは
大きく、ゾウは小さく進化し
エレクトスもこの原理で小型
化したのではないかといわれ
ている
ちっさ
諸説ありよ

賢い人

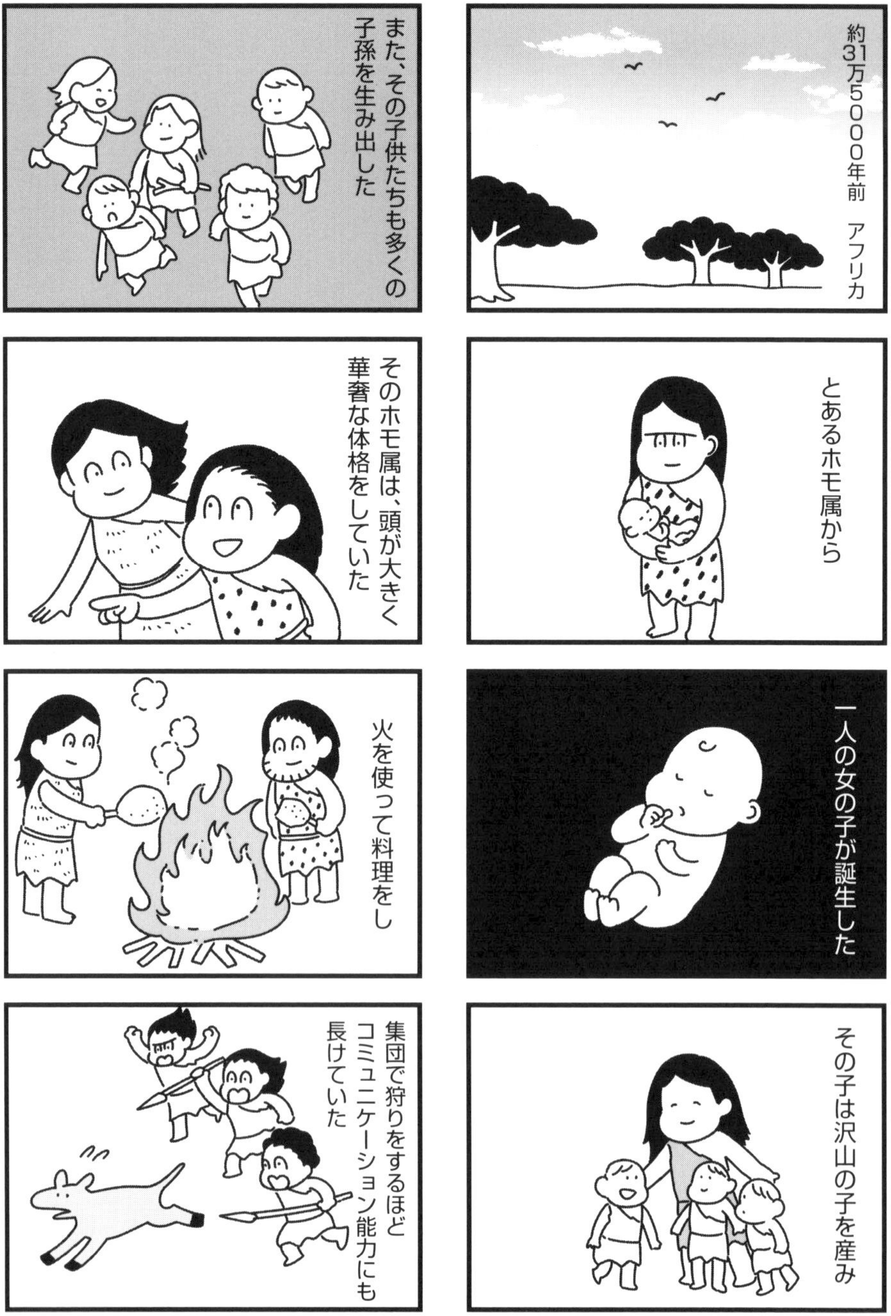
約31万5000年前　アフリカ
とあるホモ属から
一人の女の子が誕生した
その子は沢山の子を産み
また、その子供たちも多くの子孫を生み出した
そのホモ属は、頭が大きく華奢な体格をしていた
火を使って料理をし
集団で狩りをするほどコミュニケーション能力にも長けていた

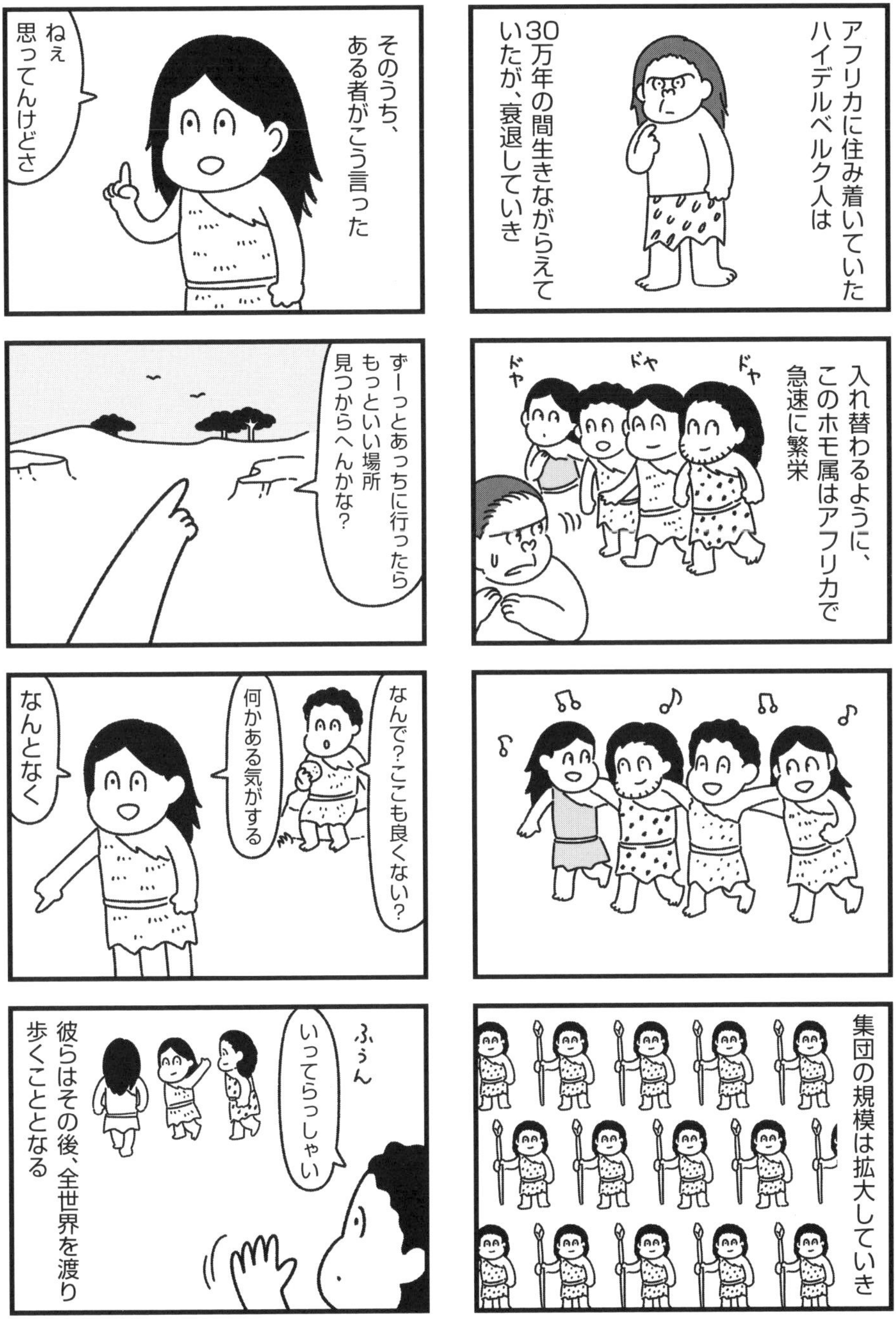

アフリカに住み着いていた
ハイデルベルク人は
30万年の間生きながらえて
いたが、衰退していき
入れ替わるように、
このホモ属はアフリカで
急速に繁栄
ドヤ
ドヤ
ドヤ
集団の規模は拡大していき
そのうち、
ある者がこう言った
ねぇ
思ってんけどさ
ずーっとあっちに行ったら
もっといい場所
見つからへんかな？
なんで？ここも良くない？
何かある気がする
なんとなく
ふぅん
いってらっしゃい
彼らはその後、全世界を渡り
歩くこととなる

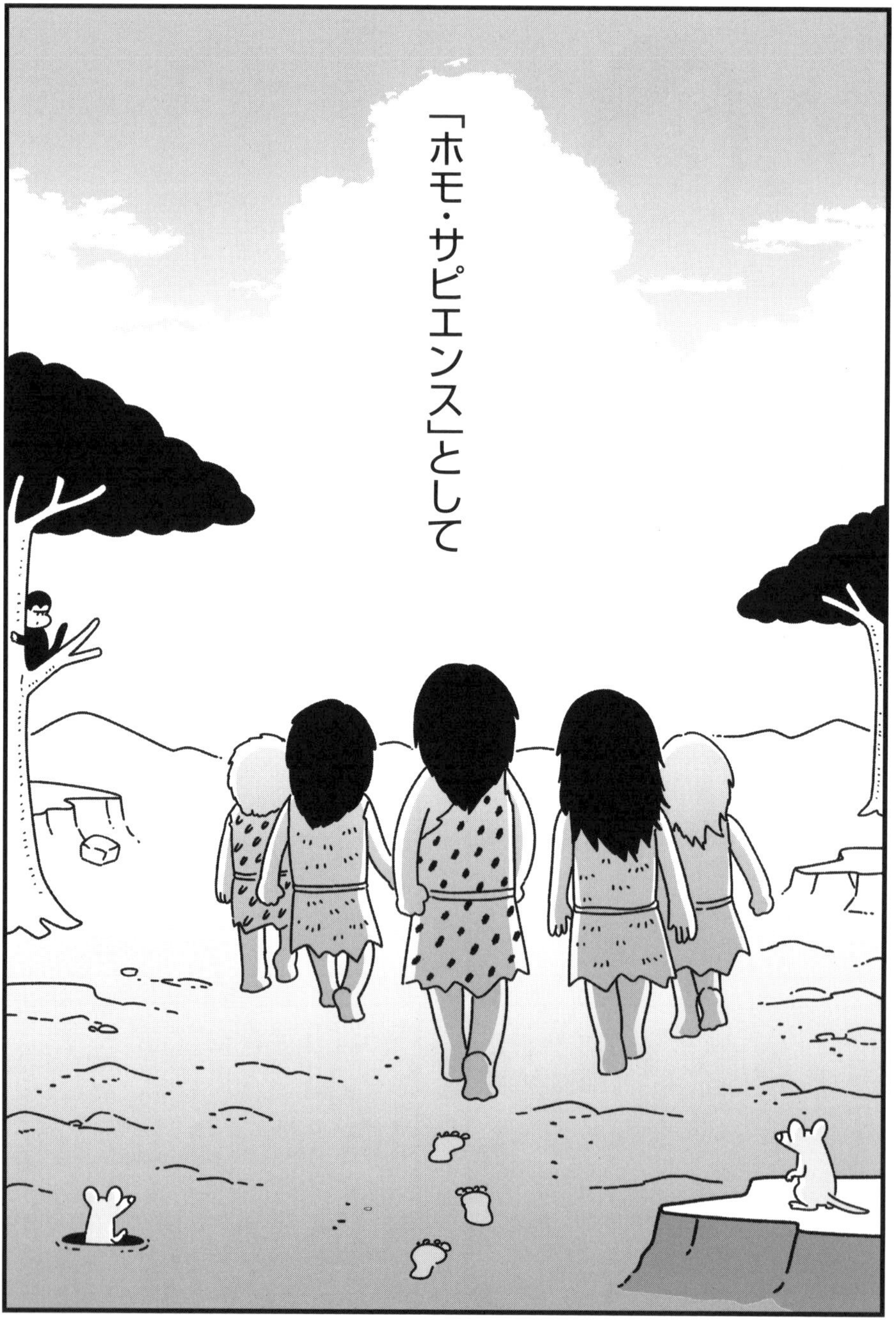
「ホモ・サピエンス」として

東南アジア

とりあえず来たものの
どこに行こっかなぁ
あっちは？見てこよっか
よろしく

バッタリ
ホモ・エレクトス
……
……
キャーーーッ

見たことない
人がいた!
はあ?
そんなもん
関係ねぇ
行くぞ
サピエンスの旅路は、まだまだ
不明な点が多い
東南アジアへ辿り着いた人類
は、拡散されていき
アジア
生存競争に負けたエレクトス
は衰退していった
そしてサピエンスは、
ロシアへ辿り着く
寒い寒い
はよ洞窟探そ
手分けして探すぞ
おー
さむさむ

洞窟
見つけたぞ！
デニソワ人
ネアンデルタール人の
共通祖先から分岐した近縁種
とみられる
あいつ
どこ行ったんやろ
帰ってこんかったな
パチ
パチ
クマにやられて
たりして
ありえるってぇ
冗談
冗談
次はどこ
いこっかー

ヨーロッパ

おーここがヨーロッパか
ふーん
結構いいとこやん
ホモ・ネアンデルターレンシス
…は
はぁーい…
あっちで肉焼いてる
食うか?
うまーい
そうやろそうやろ
ここに住みついてもいいなぁ

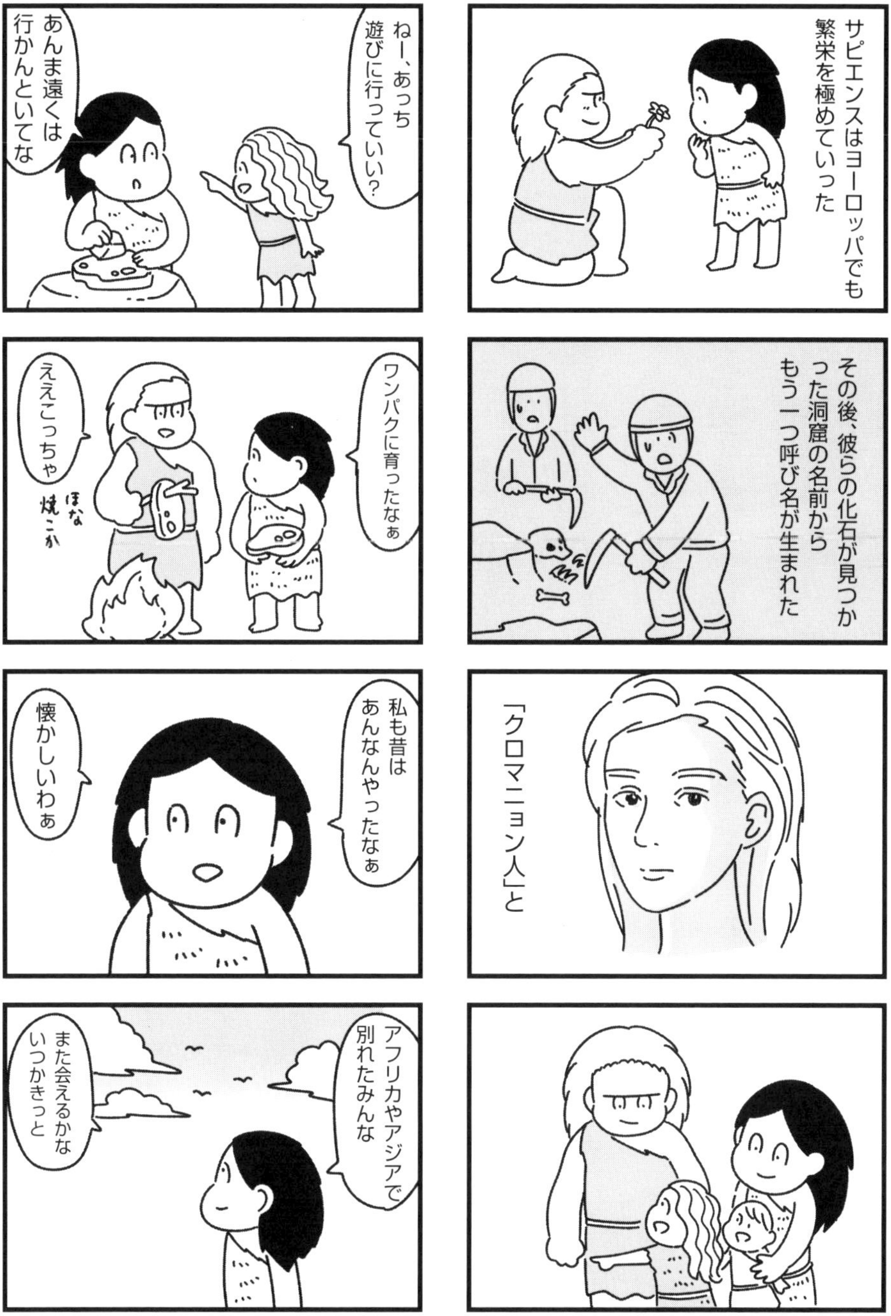
サピエンスはヨーロッパでも繁栄を極めていった
その後、彼らの化石が見つかった洞窟の名前からもう一つ呼び名が生まれた
「クロマニョン人」と
ねー、あっち遊びに行っていい?
あんま遠くは行かんといてな
ワンパクに育ったなぁ
ええこっちゃ
ほな焼こか
私も昔はあんなんやったなぁ
懐かしいわぁ
アフリカやアジアで別れたみんな
また会えるかないつかきっと

ザッ
ザッ
ぶっ
できたっ

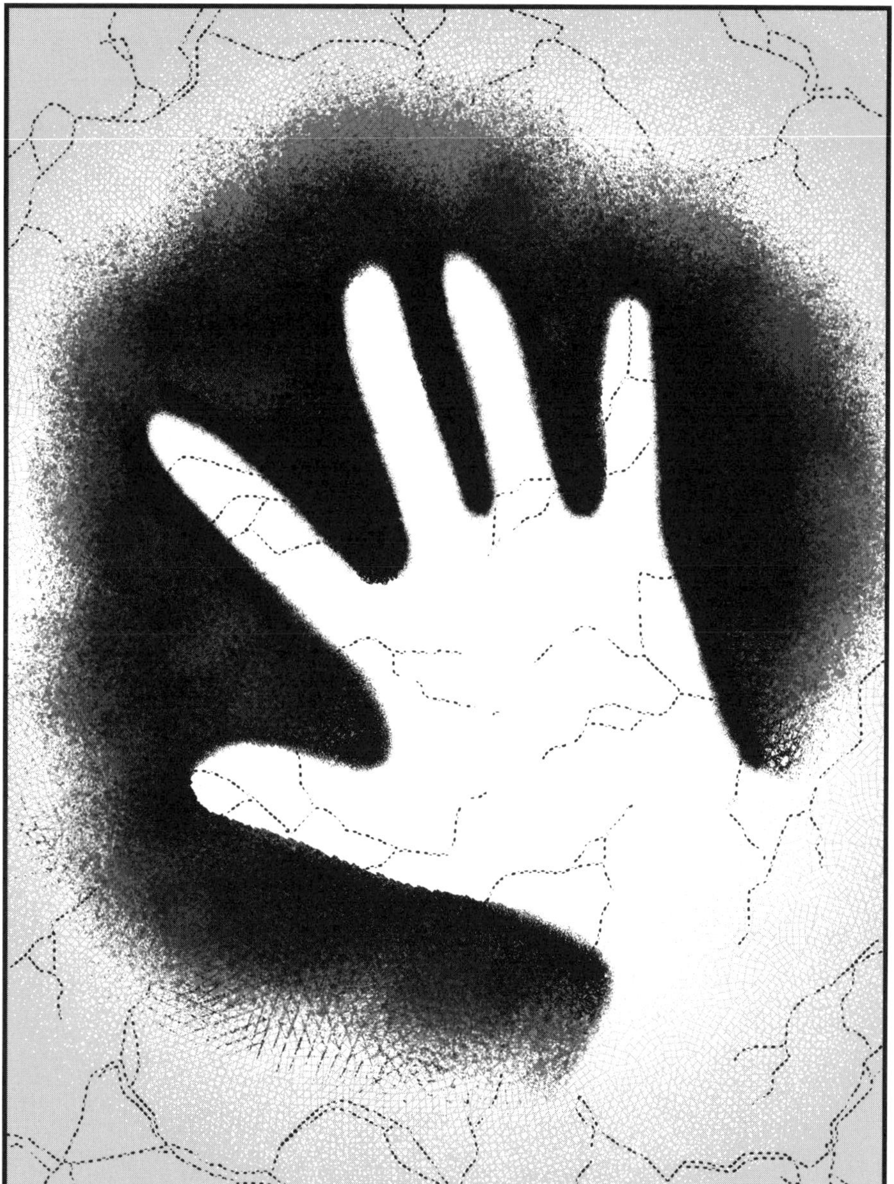
フランス南部ショーヴェ洞窟の洞窟壁画(3万7000年前)

そして

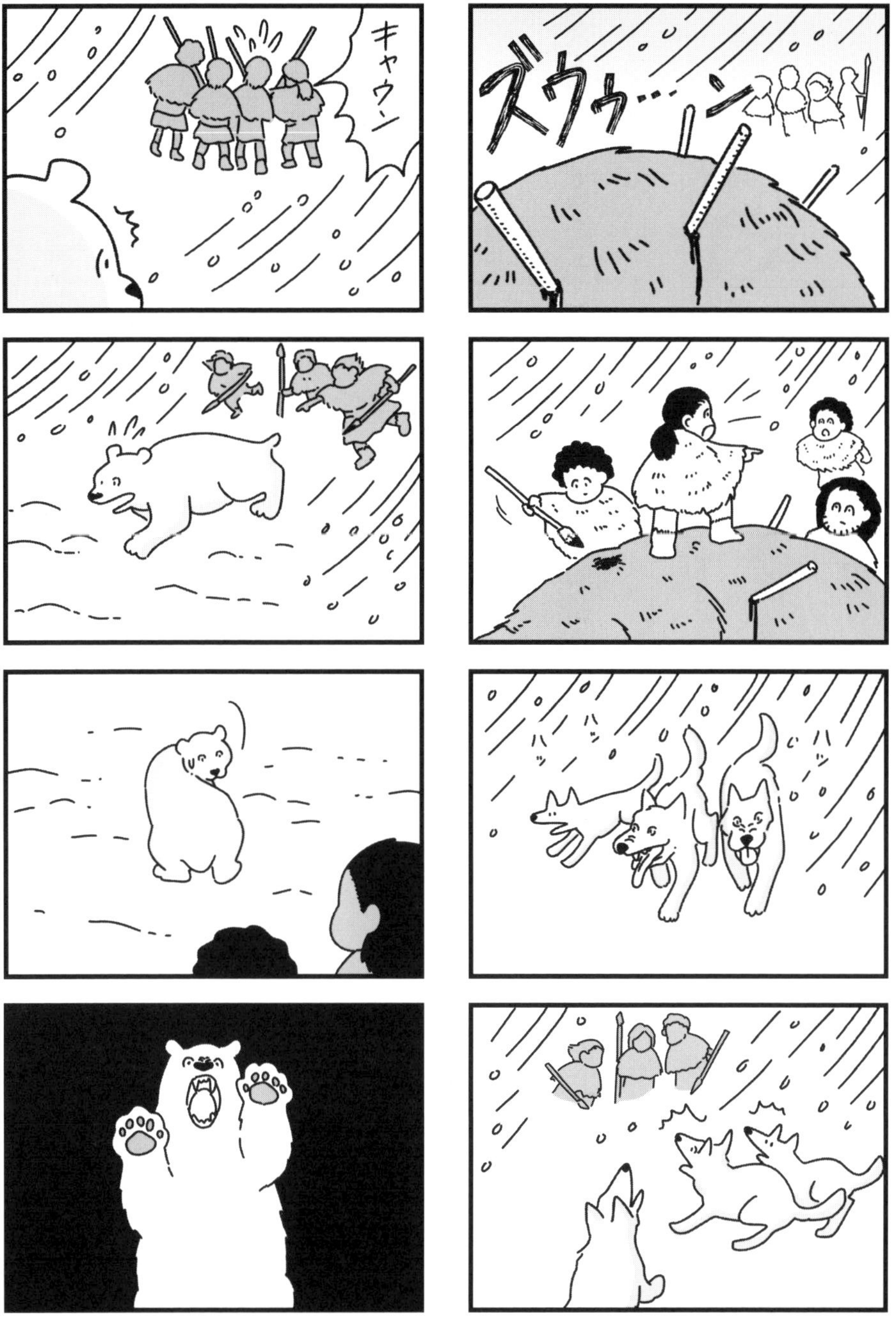
ズウゥ…ン
ハッ
ハッ
キャウーン

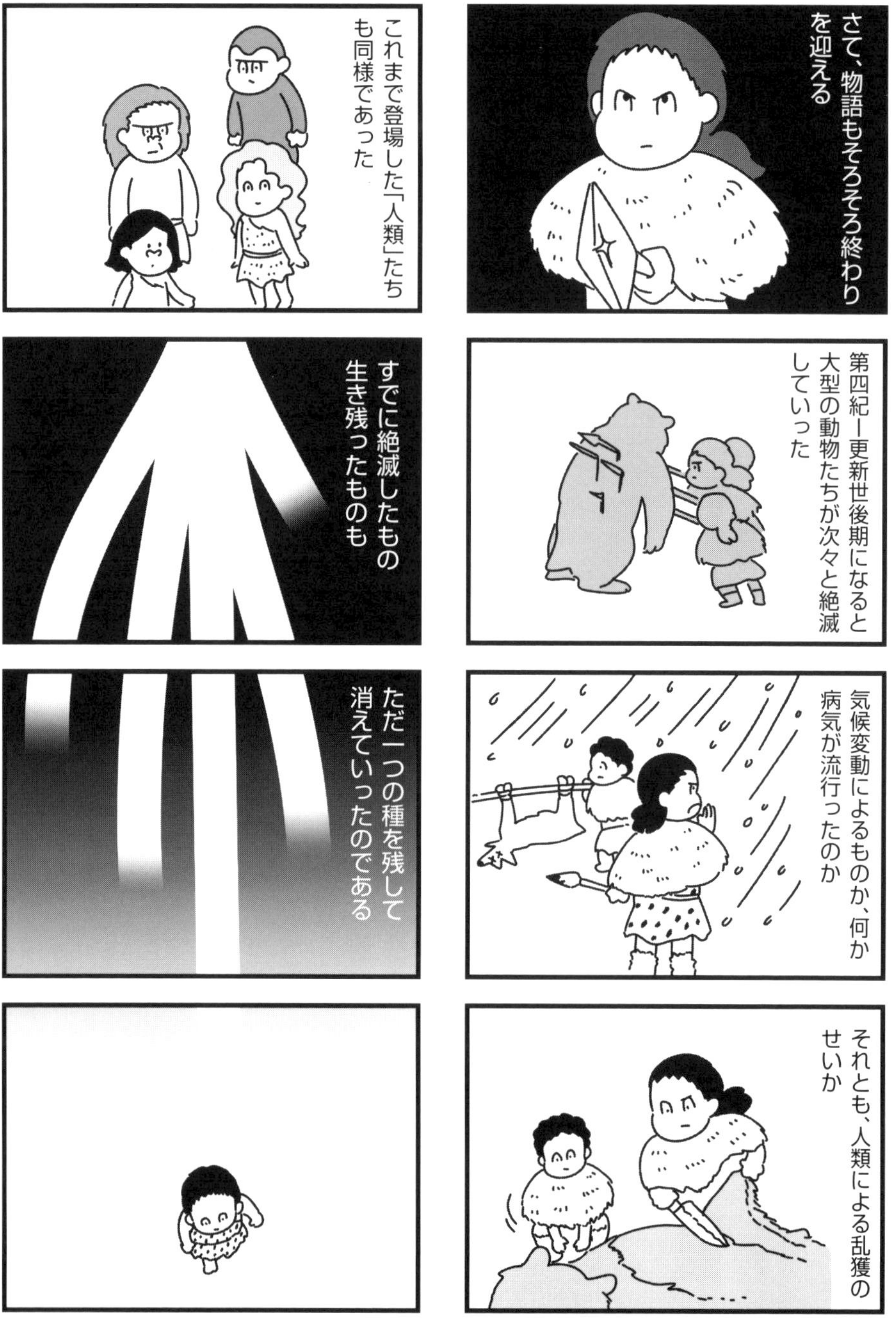
さて、物語もそろそろ終わりを迎える
第四紀ー更新世後期になると大型の動物たちが次々と絶滅していった
気候変動によるものか、何か病気が流行ったのか
それとも、人類による乱獲のせいか
これまで登場した「人類」たちも同様であった
すでに絶滅したもの生き残ったものも
ただ一つの種を残して消えていったのである

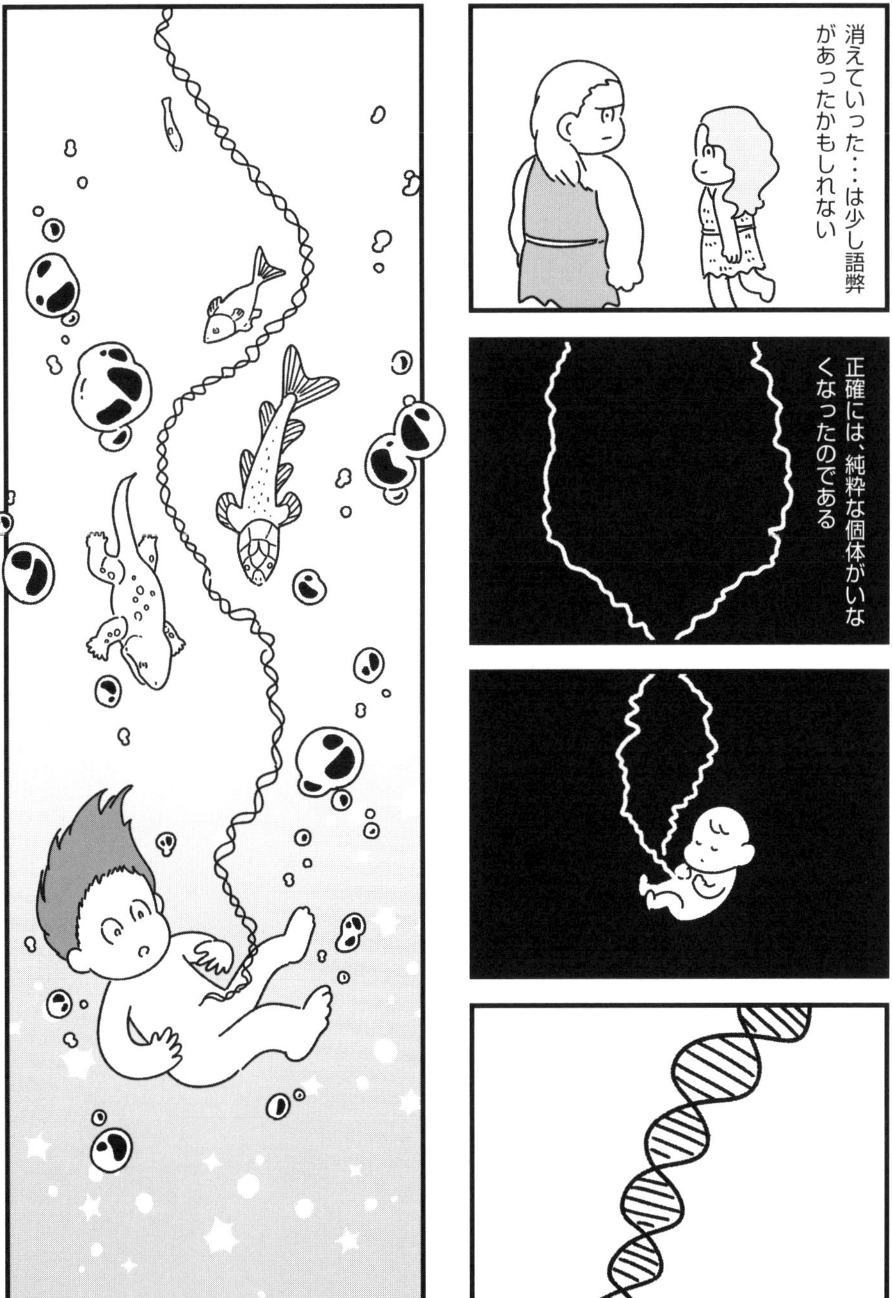
消えていった…は少し語弊
があったかもしれない
正確には、純粋な個体がいな
くなったのである

多様化する人類

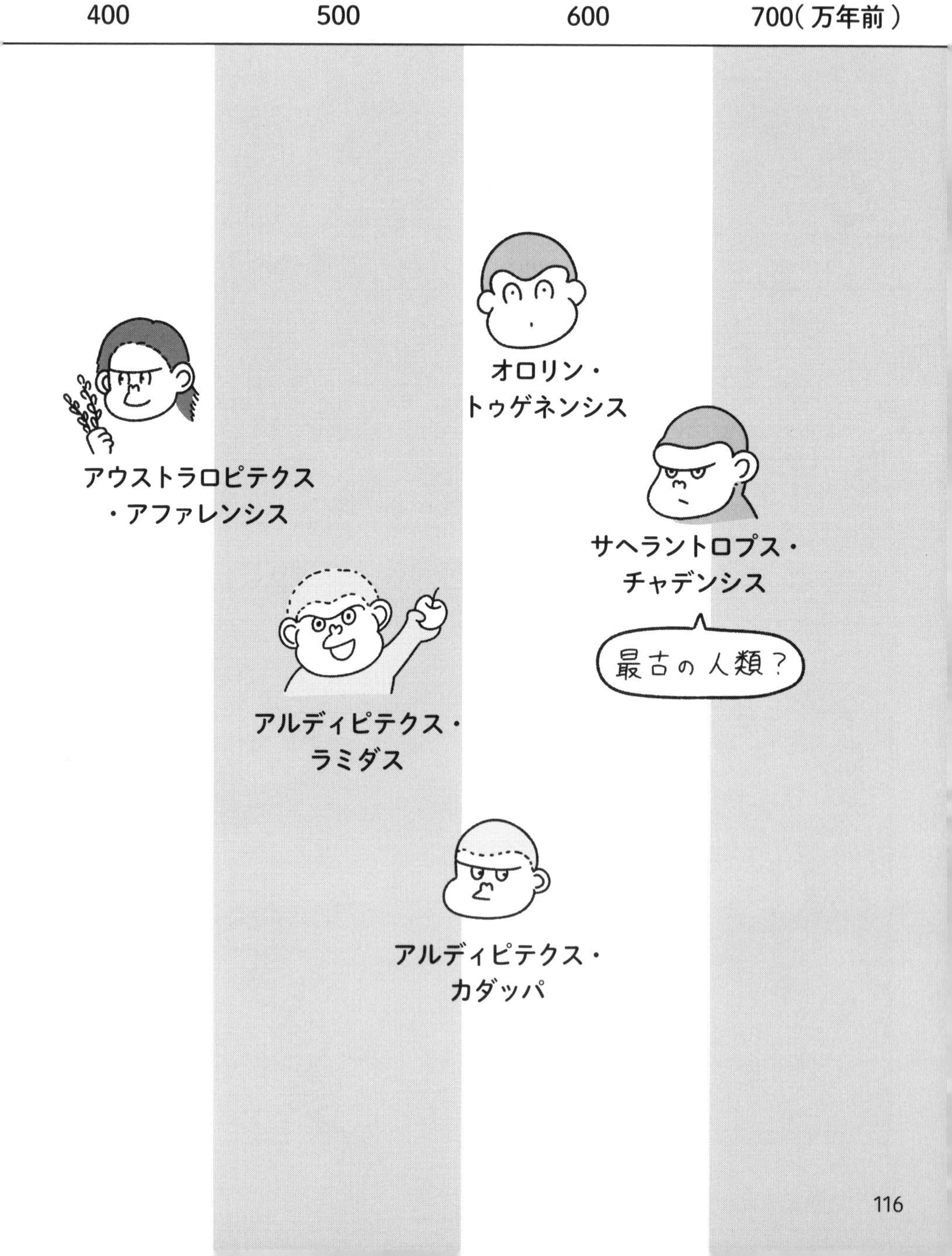

400
500
600
700（万年前）
オロリン・
トゥゲネンシス
アウストラロピテクス
・アファレンシス
サヘラントロプス・
チャデンシス
最古の人類？
アルディピテクス・
ラミダス
アルディピテクス・
カダッパ

この他にもたくさんの人類がいたが、ホモ・サピエンスを除いて
すべて絶滅してしまった。
つい最近まで、人類はホモ・サピエンスだけではなかったのだ。

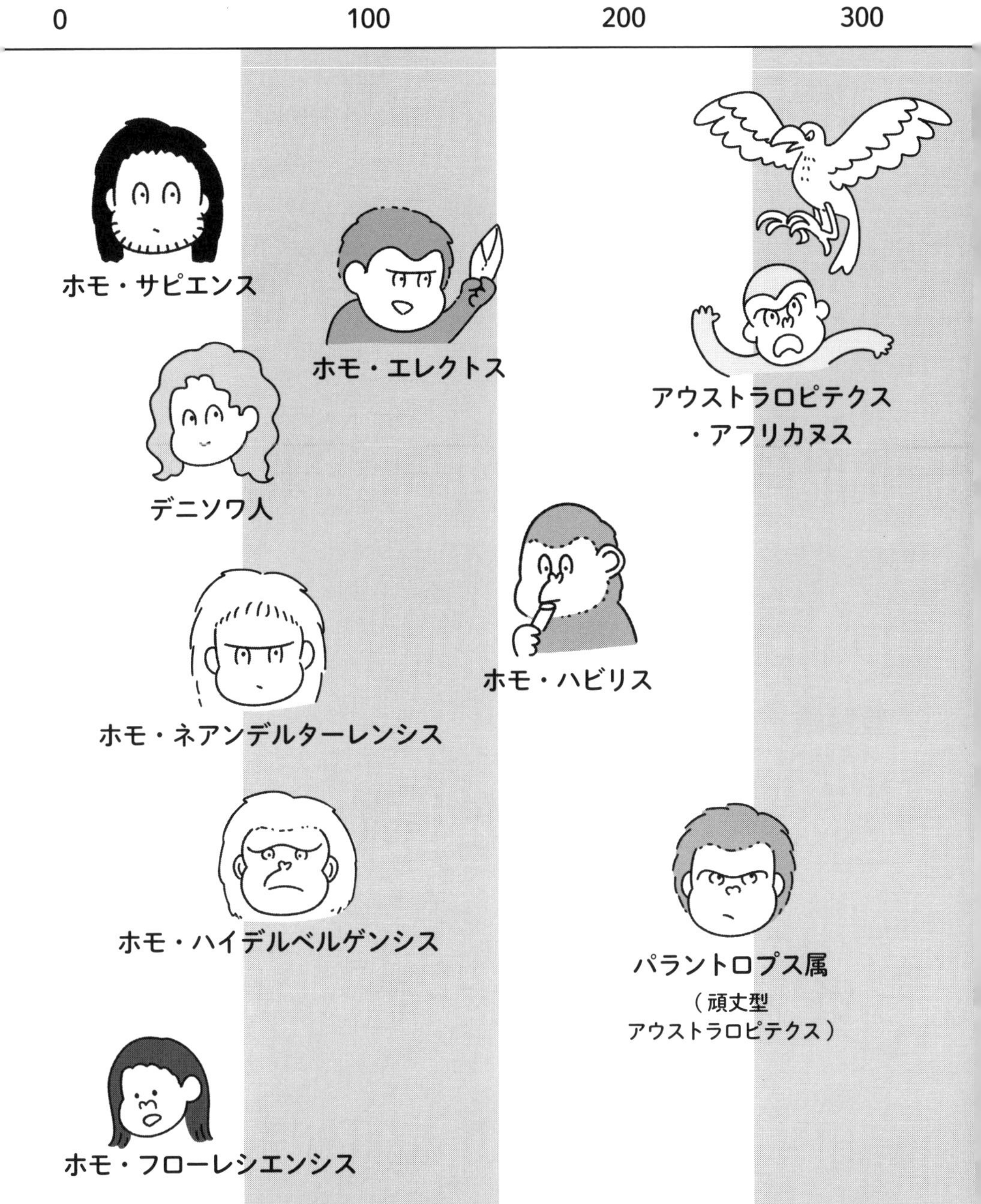
0
100
200
300
ホモ・サピエンス
ホモ・エレクトス
アウストラロピテクス・アフリカヌス
デニソワ人
ホモ・ハビリス
ホモ・ネアンデルターレンシス
ホモ・ハイデルベルゲンシス
パラントロプス属
（頑丈型
アウストラロピテクス）
ホモ・フローレシエンシス

人類の友

犬と猫は、最も人類に愛された動物である。
時に仕事道具として、時に神として、
時に愛玩動物として扱われてきた。
人に愛されたがために、
苦悩も多い彼らの大昔の姿である。

イヌ類
ダイアウルフ

ネコ類
スミロドン・ファタリス

ナマケモノ

別名 オオナマケモノ

ナマケモノ類

メガテリウム

現生のナマケモノとは
似ても似つかない「オオナマケモノ」。
全長6m 体重3~6tもある
巨体の持ち主である。
こう見えて、
硬いものは苦手だったようで、
葉食性である。

現生のナマケモノ

様々なゾウたち

最古の長鼻類

エリエテリウム
(全体像は謎である)

フォスファテリウム

頭胴長60cmの小さな動物。
まだ鼻も短く、
サイのようである。

フィオミア

伸びかけのシャベルの
ような鼻を持っている。

プラティベロドン

フィオミアよりも鼻が伸び
よりシャベル感が増している。

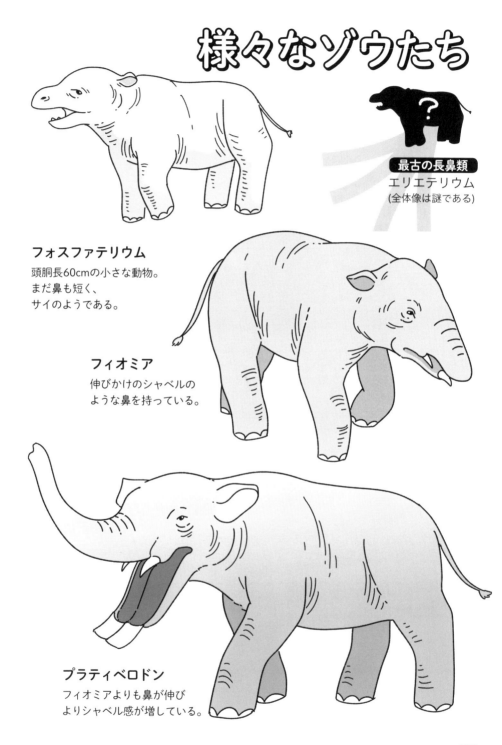

デイノテリウム

顎から2本の牙が飛び出ている。
樹木の皮を剥がすのに
使っていたのではという説もある。

そして「マンモス」誕生

氷河期に対応した「長い毛」と「小さい耳」の持ち主。
アフリカゾウのような大きな耳は、熱を放出するためにあるが
ケナガマンモスは、より寒さに対抗するべく「小さい耳」と「長い毛」に進化したのだろう。

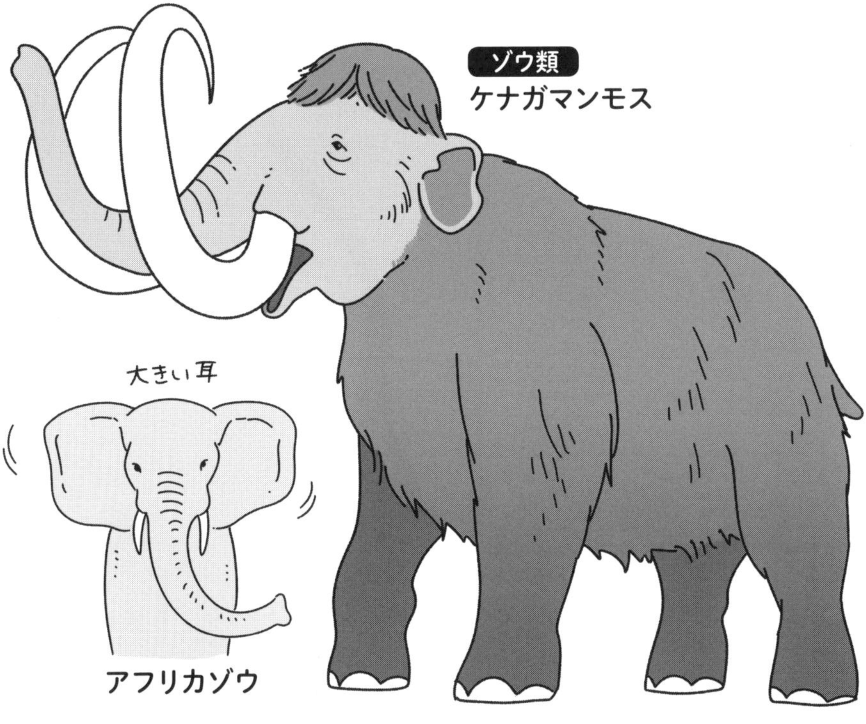

おわりに

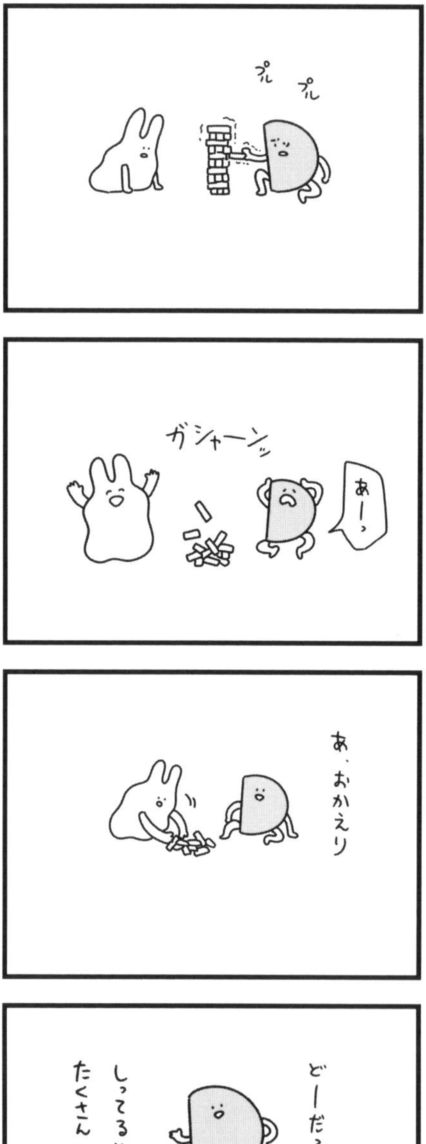

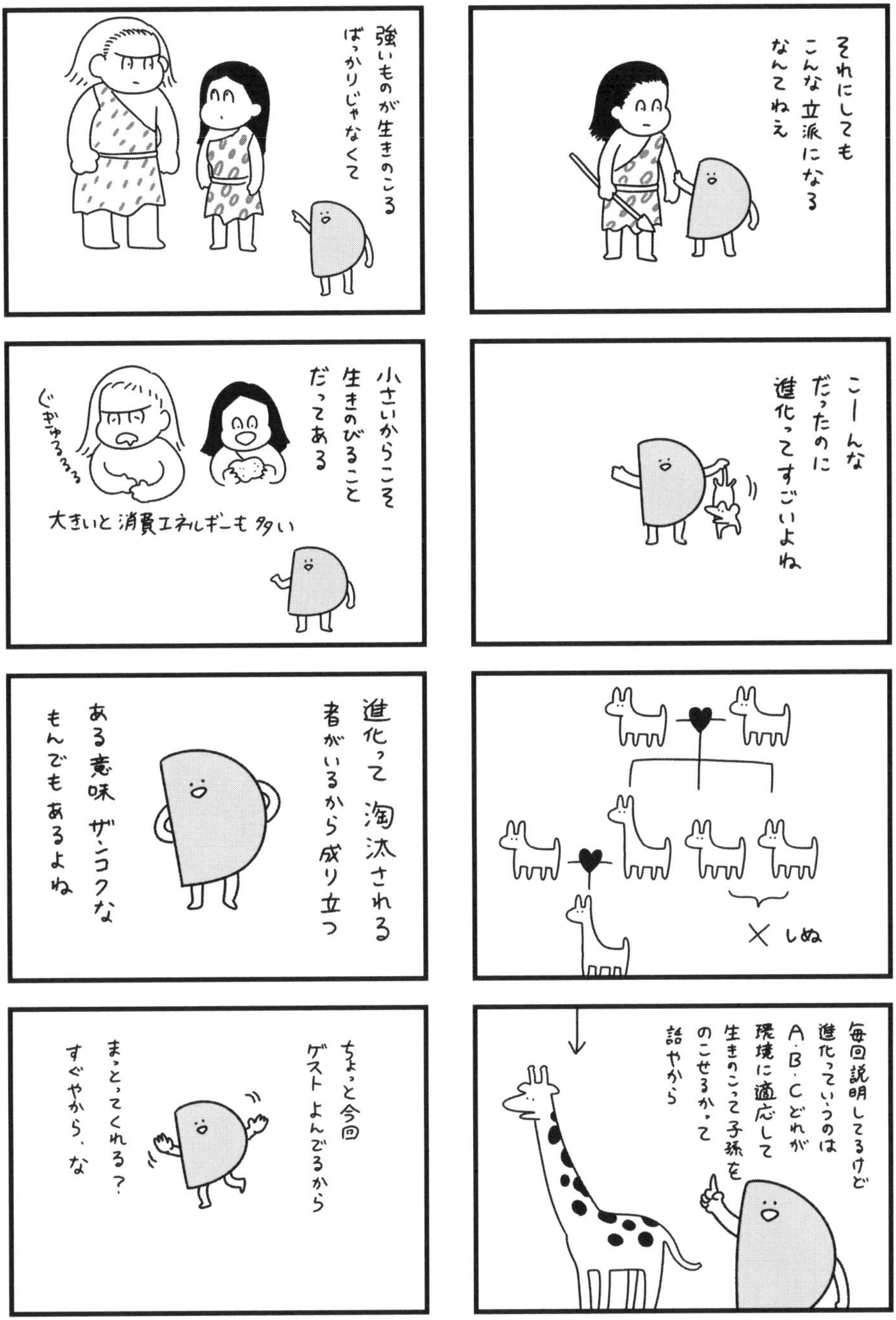
それにしても
こんな立派になるなんてねえ
こーんなだったのに
進化ってすごいよね
×しぬ
毎回説明してるけど
進化っていうのは
A・B・Cどれが
環境に適応して
生きのこって子孫を
のこせるかって
話やから
強いものが生きのこる
ばっかりじゃなくて
小さいからこそ
生きのびること
だってある
ぎゅるるるる
大きいと消費エネルギーも多い
進化って淘汰される
者がいるから成り立つ
ある意味ザンコクな
もんでもあるよね
ちょっと今回
ゲストよんでるから
まっとってくれる？
すぐやから、な

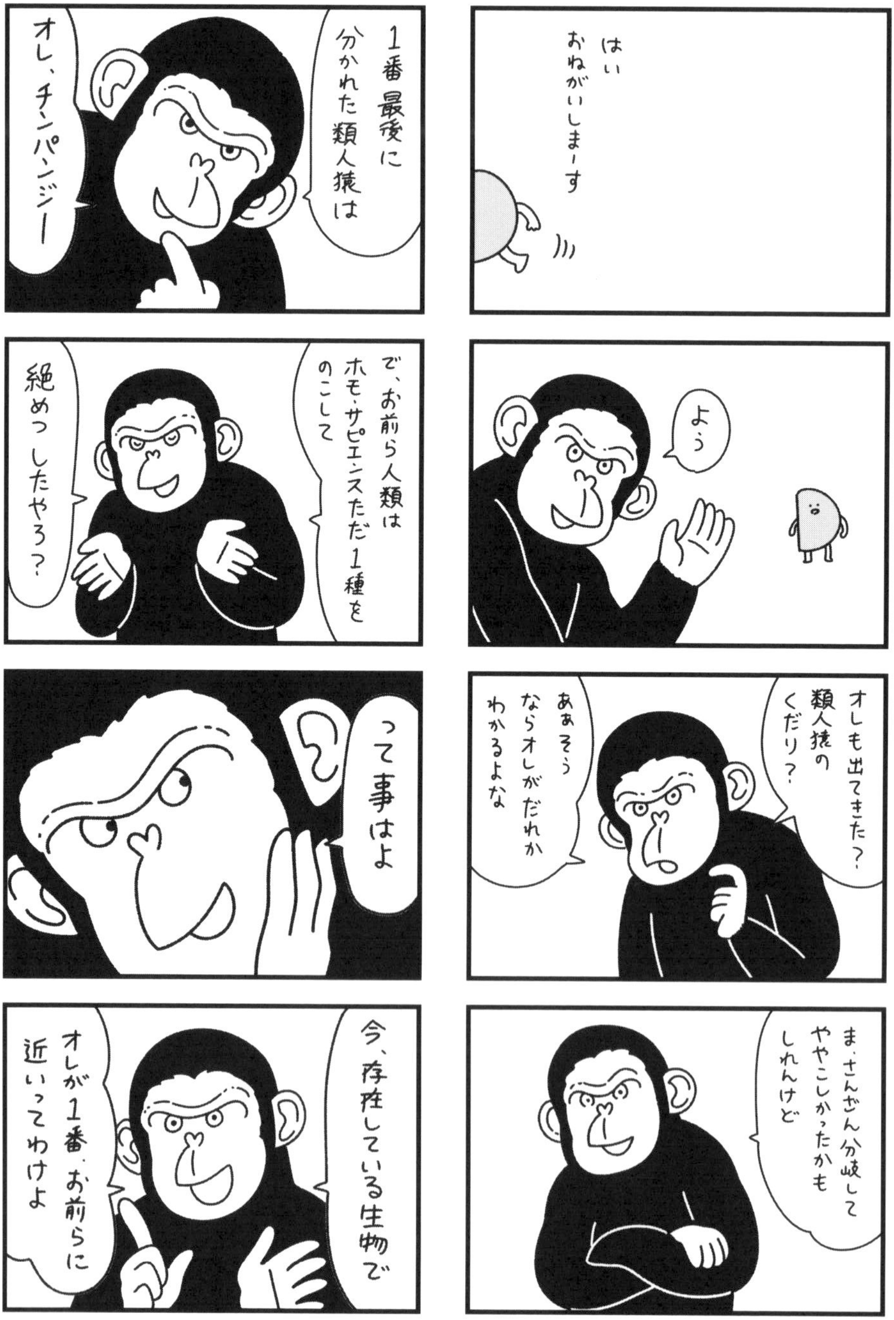
はい
おねがいしまーす
よう
オレも出てきた？
類人猿のくだり？
ああそう
ならオレがだれか
わかるよな
ま、さんざん分岐して
ややこしかったかも
しれんけど
1番最後に
分かれた類人猿は
オレ、チンパンジー
で、お前ら人類は
ホモ・サピエンスただ1種を
のこして
絶めつしたやろ？
って事はよ
今、存在している生物で
オレが1番、お前らに
近いってわけよ

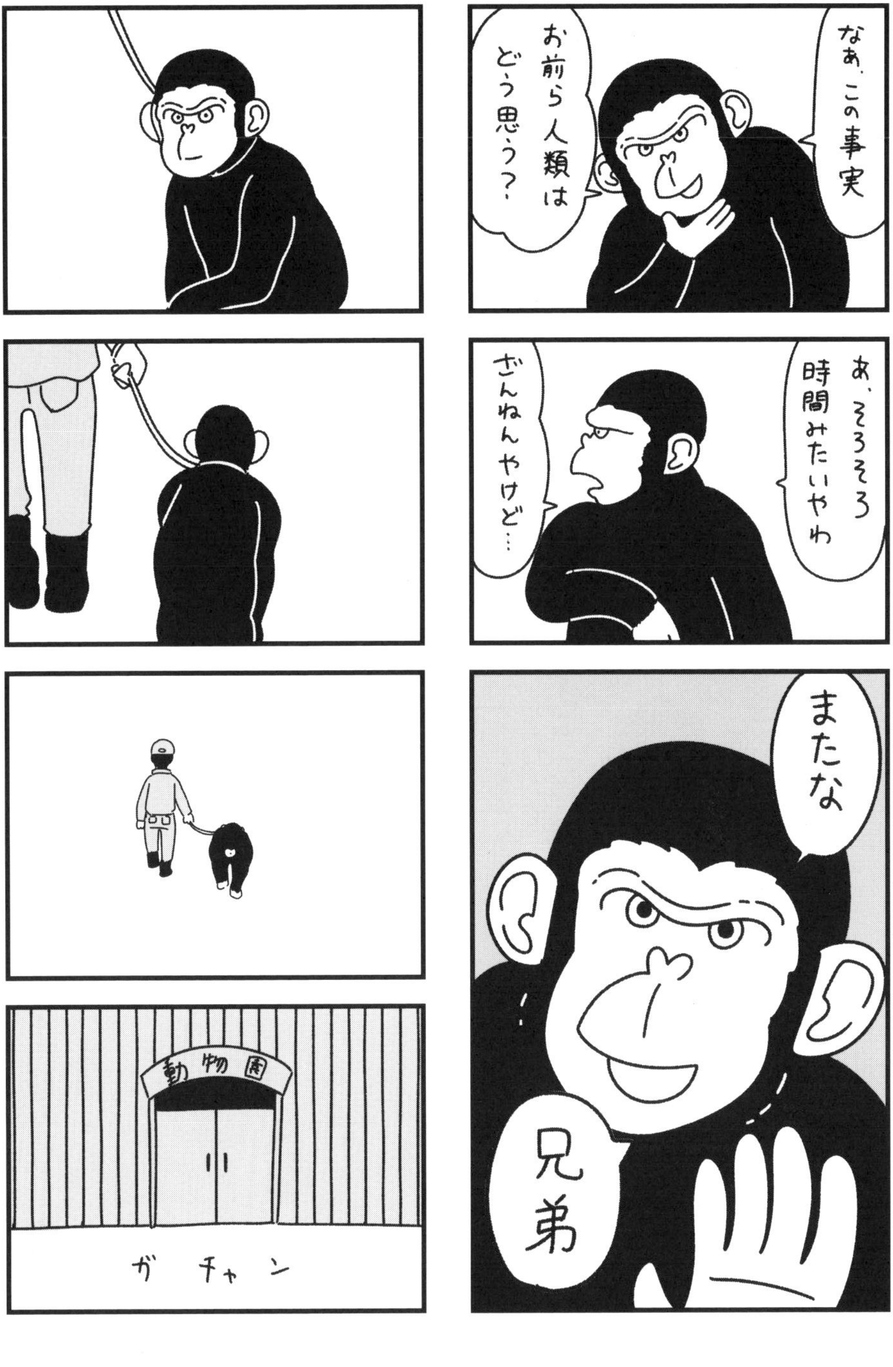
なあ、この事実
お前ら人類はどう思う？
あ、そろそろ時間みたいやわ
ざんねんやけど…
またな
兄弟
動物園
ガチャン

おしえて！真核生物《しんかくせいぶつ》くん

この本ではほとんど出番のなかった
真核生物くんが主役の4コマまんが。
本編の内容とは関係ありません。

※このまんがはWEBマガジン「WANI BOOKOUT」上で
連載されたものです。

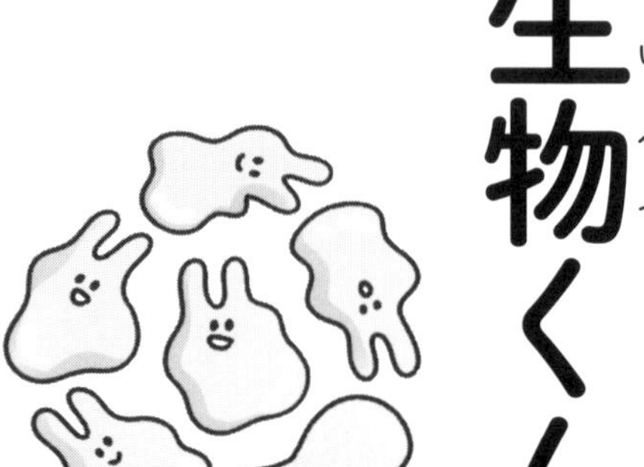

ミトコンドリア・イブ

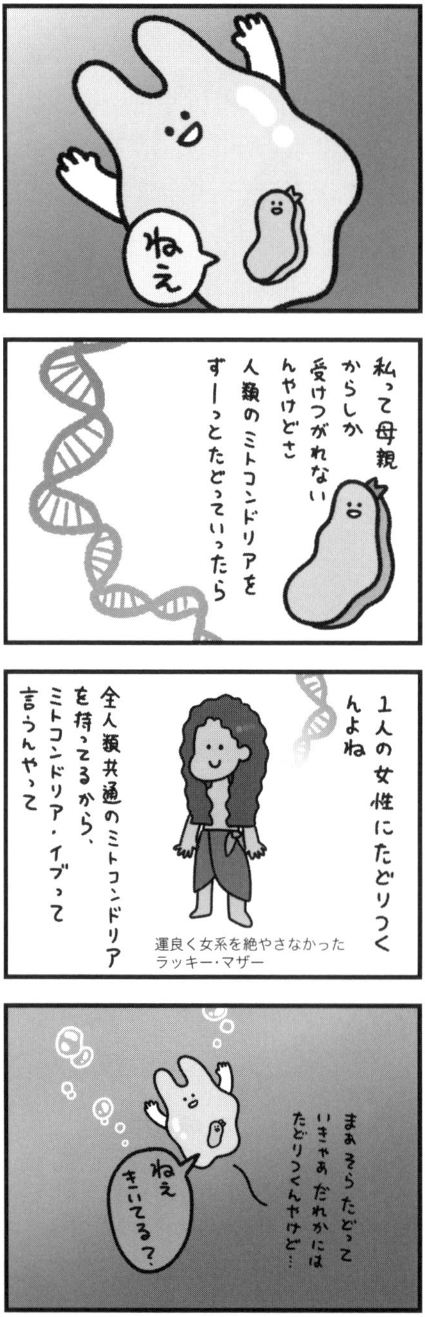

巨大昆虫

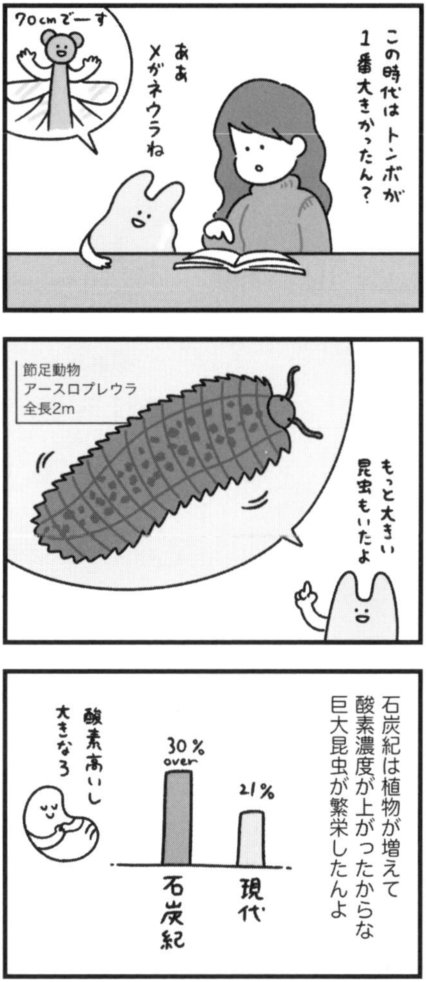
この時代は トンボが 1番大きかったん？
ああ メガネウラね
70cmでーす
節足動物
アースロプレウラ
全長2m
もっと大きい 昆虫もいたよ
石炭紀は植物が増えて 酸素濃度が上がったからな 巨大昆虫が繁栄したんよ
酸素高いし 大きなろ
30% over
21%
石炭紀
現代
あ〜〜 現代にいなくて よかったぁ アースロプレウラ
…それ みんな言うわ

圧倒的強者

次生まれるなら 何になりたいー？
…え？
そんなもん
人間一択やろ
今、人間以外に なったらジゴクやぞ せんべえ一つ食えんし ヘタしたら一生オリの中や
ふーん
自然界の強者だって ハラいっぱいは食えん かったのに…
おそるべし人類

最古の真核生物

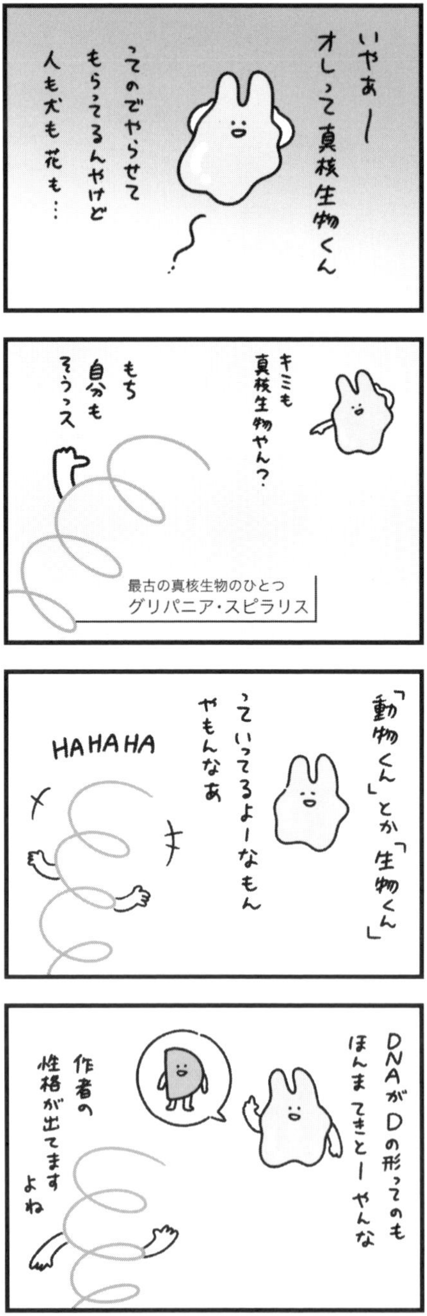
いやあー
オレって真核生物くん
ってのでやらせてもらってるんやけど
人も犬も花も…
キミも真核生物やん？
もち自分もそうっス
最古の真核生物のひとつ
グリパニア・スピラリス
「動物くん」とか「生物くん」
っていってるよーなもんやもんなあ
HAHAHA
DNAがDの形ってのもほんまてきとーやんな
作者の性格が出てますよね

平和主義

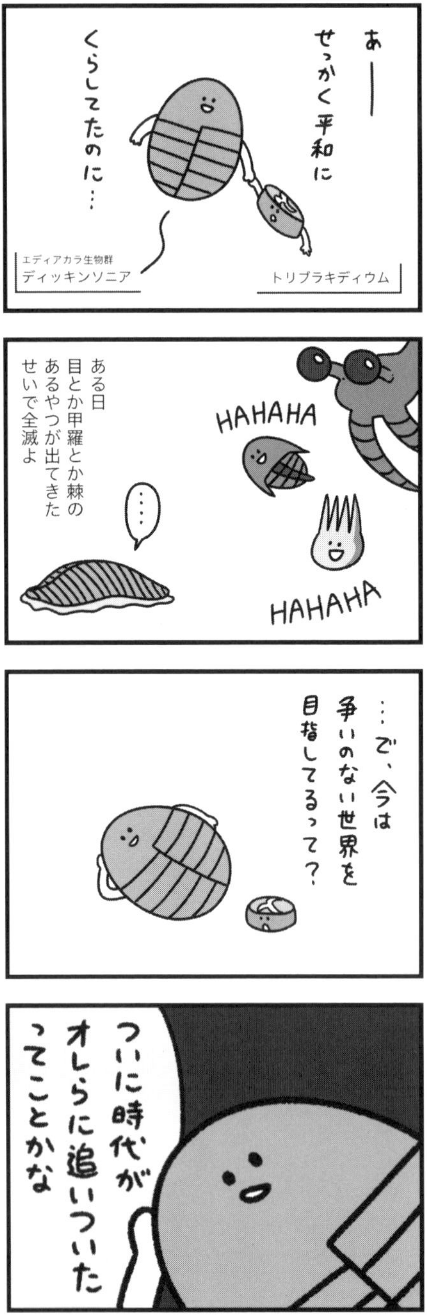
あーー
せっかく平和に
くらしてたのに…
エディアカラ生物群
ディッキンソニア
トリブラキディウム
ある日
目とか甲羅とか棘の
あるやつが出てきた
せいで全滅よ
HAHAHA
HAHAHA
…
…で、今は
争いのない世界を
目指してるって？
ついに時代が
オレらに追いついた
ってことかな

弱者の意気込み

大量絶滅後ーー
あれ？恐竜は？
？
死んだよ
恐竜が
いない!?
大きかった単弓類も
恐竜が出てきてから
小さく進化していって
ほ乳類は
夜行動で
にげまわる
日々……ついに大型化
して支配者になる時
がきた…
有言実行やなあ
強敵が
いない今が
チャンスやで

植物食恐竜の訳

植物食恐竜
トリケラトプス
そういえば…
なんで
「草食」じゃないん？
「草」自体がこの時代に
なかったのよ
木の葉や根を食べてた
から「植物食」なの
草原がない時代…か
ザアッ…

指の数が減ったわけ

多様性

共通先祖

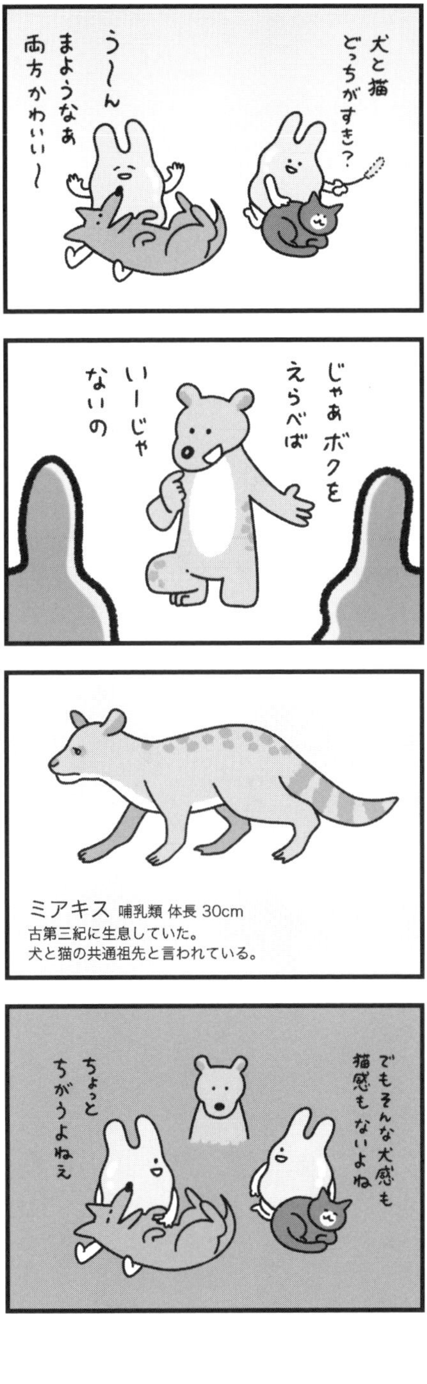

犬と猫 どっちがすき？
う〜ん まようなぁ 両方かわいい〜
じゃあボクを えらべば いーじゃ ないの
ミアキス 哺乳類 体長 30cm
古第三紀に生息していた。
犬と猫の共通祖先と言われている。
でもそんな犬感も 猫感もないよね
ちょっと ちがうよねぇ

1万年後

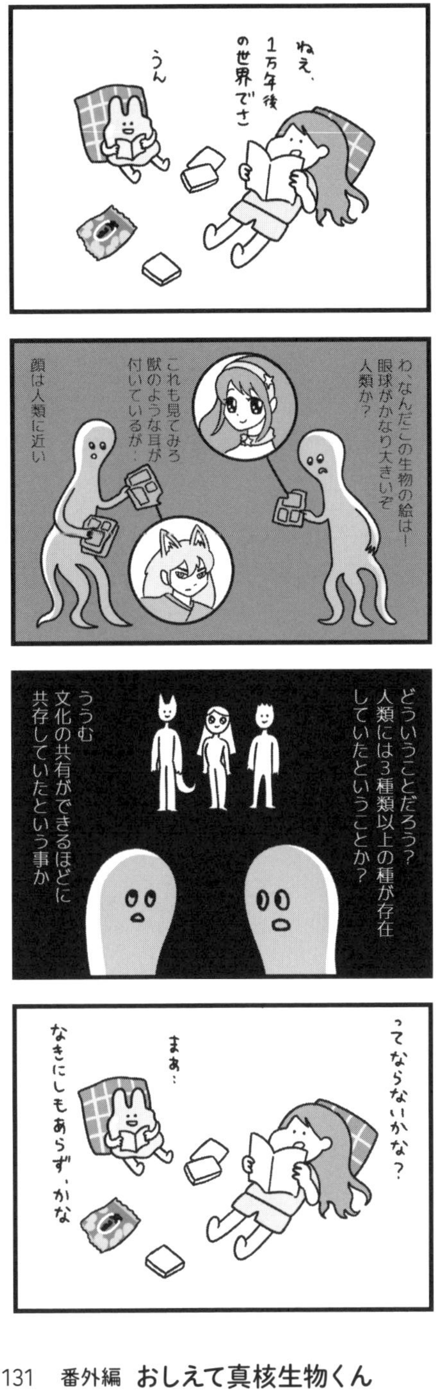

ねぇ、1万年後の世界でさ
うん
わ、なんだこの生物の絵は！ 眼球がかなり大きいぞ 人類か？
これも見てみろ 獣のような耳が付いているが…
顔は人類に近い
どういうことだろう？ 人類には3種類以上の種が存在していたということか？
ううむ 文化の共有ができるほどに共存していたという事か
ってならないかな？
まぁ…
なきにしもあらず、かな

もしも

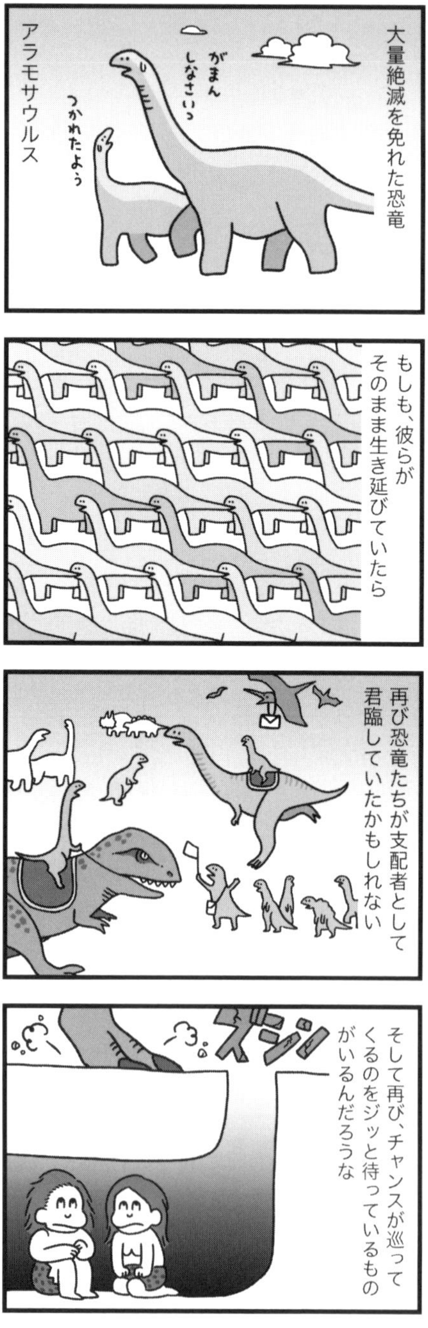
大量絶滅を免れた恐竜
アラモサウルス
がまんしなさいっ
つかれたよう
もしも、彼らがそのまま生き延びていたら
再び恐竜たちが支配者として君臨していたかもしれない
ズシン
そして再び、チャンスが巡ってくるのをジッと待っているものがいるんだろうな

誰のために

地球が泣いてる
温暖化STOP!
パート・アルバイト募集中!!
いやぁ…
泣いてるん? 大丈夫?
もともとマグマだらけだったし植物も最近誕生したばっかりだし温暖化も氷河期も関係なく地球は存在し続けるからね
ばーーん
だれ?
ふーん
地球がってより生き物《じぶんら》のために考える事やろうなぁ

飛んで火に入る夏の虫

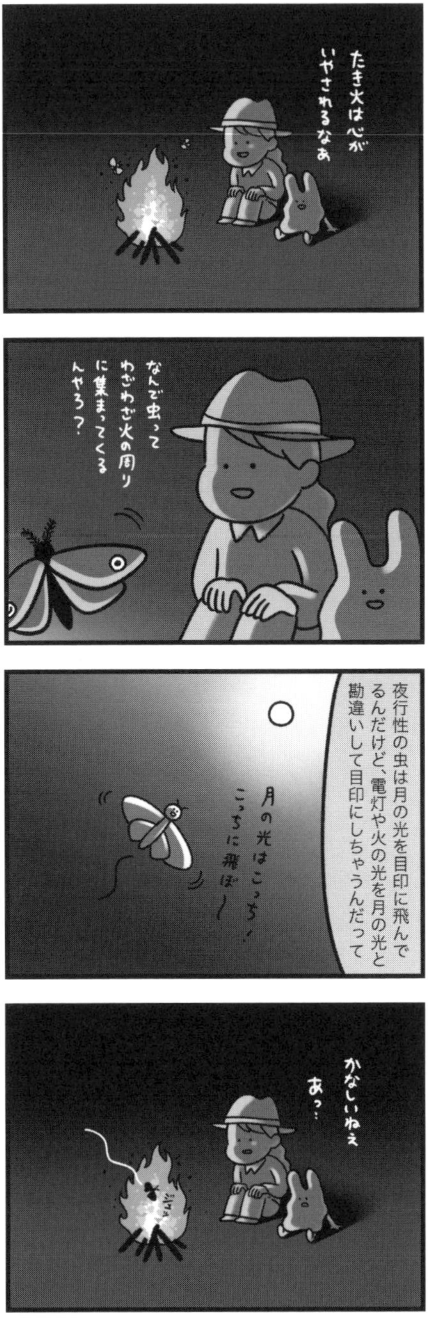
たき火は心が
いやされるなぁ
なんで虫って
わざわざ火の周り
に集まってくる
んやろ？
夜行性の虫は月の光を目印に飛んで
るんだけど、電灯や火の光を月の光と
勘違いして目印にしちゃうんだって
月の光はこっち
こっちに飛ぼ〜
ジュッ
あっ…
かなしいねぇ

犬の種類

in ドッグラン
犬って形が違う
のに皆「犬」って
ふしぎ
大きさもぜんぜんちがう
犬は人が品種改良してる
からね。小さく生まれた子
をかけ合わせて、小型化に
してくんよ
えっ
元は大きいの？
"スタンダード"プードル
"スタンダード"
ダックスフンド
トイ・プードルも
大型犬から
誕生したんよね
"トイ"プードル
"ミニチュア"
ダックスフンド
へぇ〜
人と犬の歴史って
長いから、その分種類も
多いんやろうなぁ
昔から
人は犬が好き
なんやね

結局は

もういいっ
オレは1人で生きるんだ
でもその服はだれかが作ったもんだよね
今歩いてる道も電気も全部だれかが設計して作って運んだもんだよね
これもどれも
それもあれも
結局ヒトは集団でなければサルより弱い存在なんよ
ぶしゅ
リンゴ

住居者

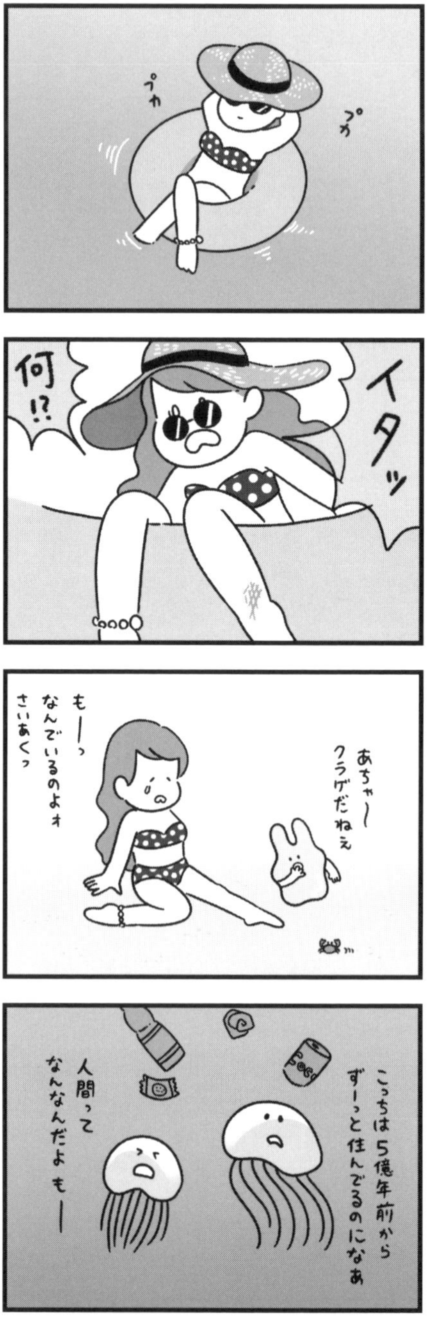

プカ
プカ
イタッ
何!?
あちゃ～クラゲだねぇ
も～っなんでいるのよォさいあくっ
こっちは5億年前からずーっと住んでるのになあ
人間ってなんなんだよもー

未来までの時間

遠い未来だと思っていたのに
あっという間に30になってしまった…
未来を遠ざける方法があるでっ
え？
子供の頃より大人になってからの方が時間経つの早いやん？
新しい刺激を日々感じてた子供の方が1日が濃厚に詰まってたんよね
ウルトラマーン
新しい体験をしたりスケジュールを埋めまくったり日常の中に変化をつけたりしたら時間はのびるっ
時間はのばせないけど時間感覚はのばせる
まあ…そうかも

進化不可逆の法則

ねえ、また森で暮らしたら類人猿になったりするのかな
不可逆の法則があるからムリかなあ
いったん失ったものは取りもどせないってやつ
遺伝子が複雑化していってシンプルにもどれない
例えたらこんな感じ？
生タマゴ
ゆでタマゴ
生タマゴにはもどれない
タマゴサラダにはなれるけど
進化は一方通行ってことか
そーゆーこと

ゾウさん

ぞーうさん
ぞーうさん
おーはなが長いのね
こうなるまで沢山の
ゾウが生まれては
死んでいき
生き残ったゾウも
象牙の密猟により
殺されハンコにされ
そーして
まいにーち
へってくのよー
なに
その歌

細胞分裂

やあ、ボクは
テロメア
細胞分裂の時に
つかわれるんだ
テロメアさん
おかりしまーす
はーい
こっちもおかり
しまーす
こっちもー
テロメ…テ…
テロメアさん…
テロメアさん…、
分裂できない…
これが
細胞の死か

ワニ

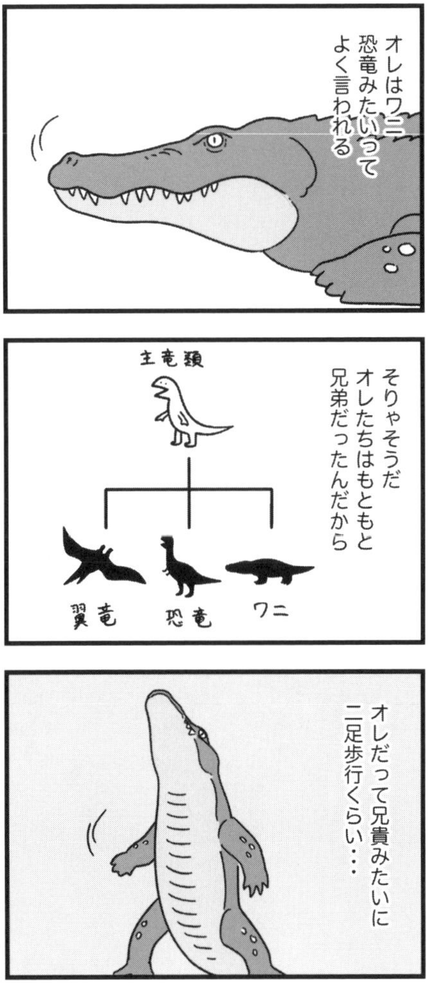
オレはワニ
恐竜みたいって
よく言われる
そりゃそうだ
オレたちはもともと
兄弟だったんだから
主竜類
翼竜
恐竜
ワニ
オレだって兄貴みたいに
二足歩行くらい・・・
うわぁー
ビターン
大丈夫？
大丈夫？

自分は自分

オレはほ乳類で
ヒトの祖先
お前はただの鳥
オレは
ヒトの祖先ー
すごいっしょ
すんごいっしょ
別にヒトが1番えらい
ワケじゃないし
アタイだって
空とべるし
アタイの価値はアタイの
ままで100点だから
ごもっとも

原始反射

食べられたくないのに

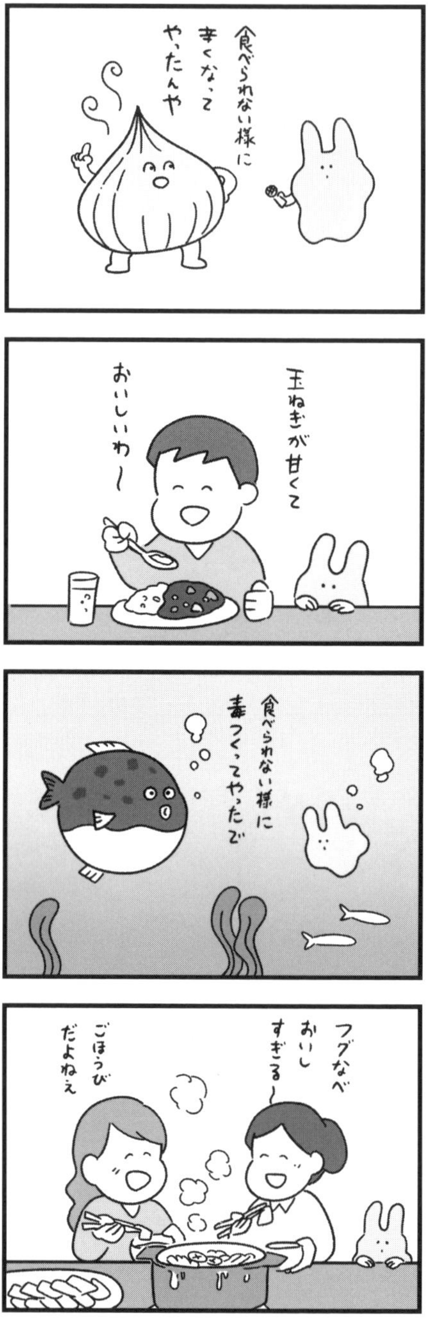

おうちにいよう

自粛の影で

雨の匂いの理由

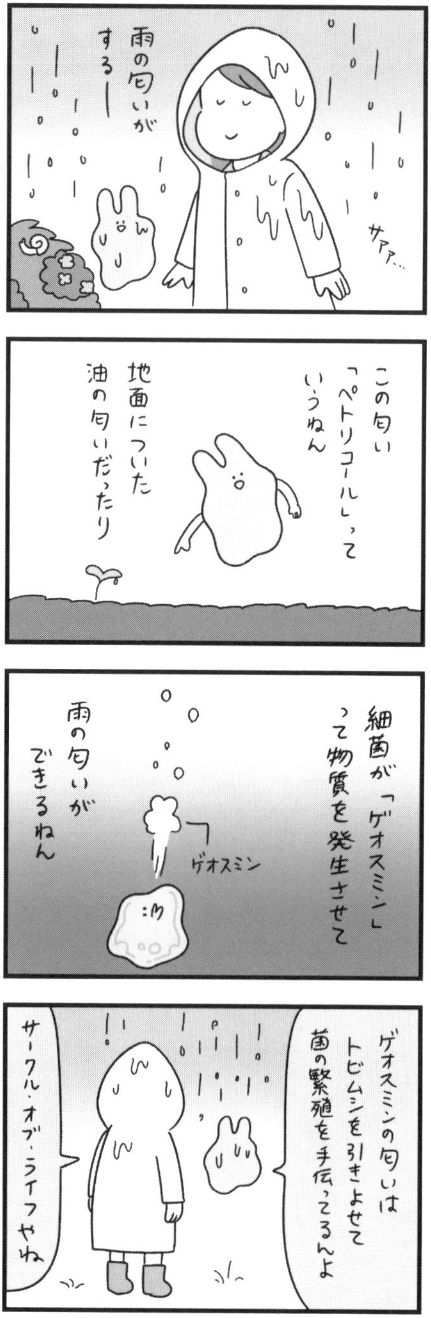

雨の匂いがするー
サァァ…
この匂い「ペトリコール」っていうねん
地面についた油の匂いだったり
細菌が「ゲオスミン」って物質を発生させて
雨の匂いができるねん
ゲオスミン
ゲオスミンの匂いはトビムシを引きよせて菌の繁殖を手伝ってるんよ
サークル・オブ・ライフやね

主要参考文献

『古第三紀・新第三紀・第四紀の生物　上巻・下巻』監修：群馬県立自然誌博物館、著：土屋健、2016年刊行、技術評論社
『サピエンス物語』著：ルイーズ・ハンフリー／クリス・ストリンガー、監修：篠田謙一／藤田祐樹、訳：山本大樹、2018年刊行、エクスナレッジ
『人類進化の謎を解き明かす』著：ロビン・ダンバー、訳：鍛原多惠子、2016年刊行、インターシフト

※本書に登場する年代値はInternational Commission on Stratigraphy, v2020/03, INTERNATIONAL CHRONOSTRATIGRAPHIC CHARTを参考にしています。
※本書に登場する人物ならびに生物、台詞等はフィクションを含みます。

監修者より

約６６００万年前に鳥類をのぞく恐竜類が滅び、「中生代」と呼ばれた時代が終わりました。そして、新たに始まった「新生代」は哺乳類を主役とし、いよいよ人類も登場します。

前巻『ゆるゆる生物日誌』と同様に、この本に登場する生き物は、一般に「古生物」と呼ばれるものたちです。古生物は化石を生きた証拠として残します。大きな傾向として、化石は新しい時代のものほど良く残ります。そのため、新生代の古生物は、中生代までの古生物よりもたくさんの情報をもっていることが少なくありません。

この本は、そんな新生代の生命の歴史を、「ゆる〜く楽しめる」１冊です。今回も種田ことびさんの「良い意味で」力の抜けた絵と語りが、あなたを古生物たちの古くて新しい世界に誘ってくれることでしょう。土屋は前巻と同じように、種田さんのタッチを崩さない範囲でお手伝いさせていただきました。

世情は with コロナの時代に入り、私たちのまわりの環境は急速に変化しています。そんなときだからこそ、このゆるゆるとした本が、あなたに“知的な一息”をつかせてくれる１冊となるでしょう。

2020年　水無月

サイエンスライター　土屋　健

種田ことび

たねだ・ことび

大阪芸術大学 情報デザイン学科卒業。大学でデジタルグラフィックやメディアプランニングを学ぶ。
グラフィックデザインやウェブデザイン等のデザイナーとして勤務後、フリーランスに。
2018年1月、趣味として古生物学の漫画執筆を開始し、SNS で発表。

Instagram〈@kotobi00〉

土屋 健

つちや・けん

サイエンスライター。オフィス ジオパレオント代表。埼玉県出身。金沢大学大学院自然科学研究科で修士（理学）を取得。その後、科学雑誌『Newton』の編集記者、部長代理を経て独立し、現職。2019年、サイエンスライターとして初めて日本古生物学会貢献賞を受賞。近著に『化石ドラマチック』（イースト・プレス）、『パンダの祖先はお肉が好き !?』（笠倉書店）、『恐竜・古生物 No1図鑑』など。

STAFF
装丁・本文デザイン　森田直／積田野麦（FROG KING STUDIO）
校正　東京出版サービスセンター
編集　大井隆義（ワニブックス）

ゆるゆる生物日誌　人類誕生編

著者　種田ことび
監修　土屋 健
2020年9月25日　初版発行

発行者　横内正昭
編集人　内田克弥
発行所　株式会社ワニブックス
〒150-8482
東京都渋谷区恵比寿4-4-9えびす大黒ビル
電話　03-5449-2711（代表）
03-5449-2734（編集部）
ワニブックス HP　http://www.wani.co.jp/
WANI BOOKOUT　http://www.wanibookout.com/
WANI BOOKS　NewsCrunch　https://wanibooks-newscrunch.com/

印刷所　株式会社 光邦
DTP　株式会社三協美術
製本所　ナショナル製本

ISBN 978-4-8470-9968-7